阳台这样
美起来

*

理想·宅 编著

中国轻工业出版社

图书在版编目（CIP）数据

阳台这样美起来 / 理想·宅编著 . — 北京：中国
轻工业出版社，2020.6

ISBN 978-7-5184-2982-0

Ⅰ.①阳… Ⅱ.①理… Ⅲ.①住宅－阳台－室内装饰
设计②阳台－观赏园艺 Ⅳ.① TU241 ② S68

中国版本图书馆 CIP 数据核字（2020）第 071983 号

责任编辑：巴丽华　　　责任终审：李建华　　　责任监印：张京华
封面设计：王超男　　　版式设计：奇文云海

出版发行：中国轻工业出版社（北京东长安街 6 号，邮编：100740）
印　　刷：北京博海升彩色印刷有限公司
经　　销：各地新华书店
版　　次：2020 年 6 月第 1 版第 1 次印刷
开　　本：710×1000　1/16　印张：12
字　　数：200 千字
书　　号：ISBN 978-7-5184-2982-0　　　定价：68.00 元
邮购电话：010-65241695
发行电话：010-85119835　传真：85113293
网　　址：http://www.chlip.com.cn
Email：club@chlip.com.cn
如发现图书残缺请与我社邮购联系调换
190540S5X101ZBW

阳台，
一方温馨与幸福的天地

PREFACE

　　静止的是建筑，灵动的是空间。在家居空间中，阳台是光和影的舞台，也是都市中居住人群接触大自然的窗户。阳台的景观是立体、综合的艺术，其多变的造型也是为了创造更加多样化的生活，使家的氛围更完美、舒适。

　　阳台不同的造景设计除了满足家庭生活需求的功能外，也追求景观视觉上的美。无论阳台是大，还是小，都应有各自的功能和景观特点。阳台造景有法而无定式，同样的功能区域可用不同的构思设计，使之具有独特的立意，同时迎合居室环境整体的风格特点。这就有了浓缩版的梦幻森林、亲子间的欢乐园、山林野趣的世外桃源等各种各样的阳台风格。

　　小小的阳台，由于朝向的不同，适合种植的花草果蔬也有所区分；而不同造型的阳台，同样有着自己特有的"脾气"，改造不同的空间时，要摸清其秉性，才能达成心中所愿。当你拥有一个东向的开放型阳台时，你可以在此摆放吊椅，搭个棚架，种上紫藤，坐在这里等风来、闻花香，无比惬意；当你家的阳台位于南向，且封闭性较好，那么这里无论作为阳光书房，还是茶室，都是绝妙的选择。

　　一个阳台，成就一个心中的灵感秘境。那些用心种下的花草与精心的布置，让我们能在"水泥森林"中，用阳台作为载体，放飞思绪，纾解压力，感受着自然界的阳光、清风、花香，体验四季轮回的美丽。

目录

Chapter 1

理想天地，
精心打造
我的小型乌托邦

Chapter 2

果蔬 or 花草，
打造休闲阳台
的主力军

Chapter 3

百变阳台，
小空间也能发挥
大作用

Chapter 1

理想天地，
精心打造我的
小型乌托邦

你是否存在这样的困扰？
打造阳台没有头绪，
或者空有万般想法，却无从下手？

网络上大同小异的打造手法，换汤不换药，
适合自家阳台的设计却很难找？

想把梦想中的乌托邦带到阳台中，
除了明确自身喜好，还要彻底了解阳台知识，
只有做到心中有数，
才能量身定制出理想的阳台天地。

大材小用！阳台不只是晾衣区

在寸土寸金的高房价下，如今的阳台早已告别了仅仅用来晾晒衣服的时代。作为家中采光最充足、视野最开阔、通风最顺畅的区域，若利用率不足，实在令人惋惜。此外，由于当今的户型形态较多，有些家庭可能存在不止一个阳台，会出现两个或者三个阳台，而根据与阳台连接的室内空间的不同，阳台的功能偏向也可以区别对待。

改造方案 1：
家中缺少作为书房的空间，可以将此处打造成一处阳光书房

改造方案 2：
阳台临近客厅，且东向阳台拥有一上午的好光线，可将此处打造成阳台花园

改造方案 1：
阳台临近厨房和餐厅，若主人有烘焙的喜好，可将此处改造成西式厨房

改造方案 2：
可以将这处阳台打造成洗衣房与家务间相结合的功能性区域

阳台 ≠ 晾衣服

还有更多功能可挖掘！

例如：
可以解决小户型缺少一间房的烦恼！
可以为空间赋能，延展空间的功能！
可以作为享受生活的休闲场所！
……

1. 要享受生活？还是实现功能？

　　家中的阳台是作为享受生活的休闲之地，还是成为满足家中某种功能需求的实用之地，不同的家庭在选择上也有所不同。对于拥有多个阳台的家庭来说，了解阳台的方位，根据其特点进行布置，可以实现享受生活、满足功能需求两不误。但对于只有一个阳台的家庭来说，需要在不违背阳台特点的基础上，来满足生活功能的需求。一般来说，按照使用性质的不同，阳台可以分为生活型和服务型两大类。

特点：供生活起居使用，作为起居室的延续，具有很强的公共性。

功能：满足家庭成员与室外阳光接触的需要，主要用于倚靠小憩、家庭活动和种植植物等。

方位：一般设于阳光充沛的南向，起居室或卧室的外侧，且空间较大。

／　**生活型阳台**　／

▲可以作为观景台，在绿意花香中享受生活

▲可以作为怡情的小酒吧，让繁忙的生活暂缓

▲ 可以作为招待好友的品茗、休闲之所

▲ 可以作为健身房，让人运动之际也能享有良好的视野

设计
小窍门

由于生活阳台的主要功能是休闲娱乐，所以阳台的护栏最好通透明亮，以玻璃栏板为主，以利于人们观景休闲，但同时也要考虑私密性，避免邻里间的视线干扰。

/ 服务型阳台 /

特点： 为家庭生活服务，是家居生活中进行杂务活动的场所。

功能： 常作为晾晒衣物、存放物品以及进行家务劳动的空间。

方位： 一般位于建筑的背立面或侧立面，常与厨房、卫生间相连；空间面积不大，位置也比较固定。

▲ 可以作为储物间，维持家居的整洁面貌

▲ 可以作为一体化餐厨，烹饪完成就上菜，优化动线

▲ 可以作为阳台洗衣间，洗衣晾晒一体化

2. 与不同的功能空间相连，阳台可以做什么？

阳台位置的不同，在设计方法上同样需要区分对待。针对不同功能空间的特点，利用阳台来延展使用功能，可以令居室的整体性更强，使用起来更加便捷。

（1）客厅阳台：家中的"颜值担当"

客厅阳台一般面积较大，因其与客厅相连，景观往往没有遮拦，在布置时一定要考虑整体的美观感。客厅阳台十分适合养花种草，为生活增加更多情趣；或者摆上舒适的桌椅，成为招待朋友的场所。如果你是个会喝茶也会泡茶的人，设计成茶室是不错的选择。茶室的布置方法有两种：一种是直接放上茶桌、椅子或蒲团，旁边放些绿植，和小花园结合起来进行布置；另一种是抬高做成地台，自成一方天地，以茶会友，很有禅意。

▲与客厅相连的阳台，可以做成地台的形式，以打造品茗空间

由于阳台与客厅相连，因此两个空间的地面铺贴需要具有相关性，常用的装修手法包括通铺、门槛石分隔、压边条分隔。

通铺

用同一材质铺设，整体大方，视觉感统一。

门槛石

可以过渡视觉，也可以防止阳台渗水对客厅地面造成影响。

压边条

若阳台防水做得足够好，用压边条过渡也是不错的选择。

（2）卧室阳台：实用才是"王道"

有的卧室阳台与房间融合在一起，没有额外的隔墙分隔，在布置时要注意摆放的花草植物对人体是否有害，且整体布置不能与卧室风格太过脱离，最好有所呼应。有的卧室则是有个独立的外凸阳台，在布置时就无须过多讲究，既可以布置成二人专属的休闲空间，也可以布置成工作区或儿童游戏室。另外，如果家中缺少一个房间，而阳台恰好又比较大，则完全可以把阳台改造成一个小卧室。这种设计比较适合贯通客厅和卧室的长阳台，在靠近卧室的一侧装上门，将长阳台一分为二，隔出一个小空间，作为客房来使用。

▲与卧室相连的阳台面积较小，因此选用长条形书桌，占用空间小

▲与儿童房相连的阳台摆放上学习桌，就可以为家中的孩童划分出一个独立的学习区

▲ 开放式一体化餐厨，在视觉上十分通透，餐桌还可以作为隔断，令空间区域更明确

（3）厨房阳台

有的家庭中厨房会连接一个小阳台，这个阳台中通常设有水管，非常适合用做洗衣间或多功能室；也可以将冰箱放在这里，以增加厨房的可用空间；还可以摆放上餐桌，打造一个一体式餐厨空间，烹饪之后直接上餐，使动线得到优化。若是阳台和厨房之间有门垛难以拆除，也可以两边分开设计成中西厨，丰富厨房的功能。

◀ 厨房尽头有一个小阳台，摆放上轻便的餐桌椅，就是一处用餐空间

/ 扩展阅读 /

在家居建筑空间中，与阳台为"近亲"关系的还有飘窗和露台这两种形态的空间。在设计手法上，它们既与阳台有着异曲同工之妙，又有各自独特的韵味。

1. 小飘窗也有"春天"

有些家庭中除了拥有阳台之外，还存在一个或多个飘窗。飘窗一般不计入建筑面积，它可以令空间看起来比实际更大，令视线不自觉地延伸。但这一空间如何加以利用是有章法可循的，它们甚至还有真、假之分。

（1）砸与不砸，要看飘窗是真还是假

"砸掉重来"是很多居住者进行家居改造时的惯用手法，虽简单粗暴，但改造彻底。实际上，飘窗这一空间，并不是想砸就能砸的。

如果是假飘窗，也许可以砸！

如果是真飘窗，坚决不能砸！

（2）不能砸的真飘窗，可以这样美起来

一般情况下，开发商设计的飘窗坐面都是冰冷的大理石，坐上去感觉冰冷，不太舒服。如何将其变得美观、舒适，考验着居住者的创造性思维。

认识
假飘窗

飘窗结构在房间内部的大多为假飘窗，实际上就是在房间里面打造了一个台子。但如今建筑规划管理部门的管理呈严格化趋势，假飘窗已经越来越少，大部分都是不能砸的真飘窗。

飘窗变软座

飘窗最简单的拯救方法就是将"冰冷"变"温暖"，例如在飘窗的台面上定制海绵垫，再随意摆放上几个抱枕，立刻就成为一个温馨的角落。

▶ 与客厅同色系的抱枕，令飘窗融入整体居室环境

飘窗变卡座

将飘窗变"温暖"之后，还可以令其发挥更多的功能性，例如将其变成一个舒适的卡座，既充分利用了空间，又很好地发挥了空间功能。

▶ 将飘窗设计成卡座，形成一处独立的用餐空间

飘窗变书桌

　　较高的飘窗可将其改造成书桌，且须考虑双腿放置的空间。一般情况下，书桌台面深度要超过飘窗至少 25cm，桌面距地面建议高度为 75cm 左右。

▲依据飘窗的走向定制书桌，既创造了伏案写作的空间，也打造出存放书本杂物的区域

飘窗变榻榻米

　　将飘窗变成榻榻米的具体手法为与飘窗平齐做地台，使其变成可以储物的榻榻米，加宽后的飘窗面积增大，可以作为小卧室使用，也可以成为独自品茶或待客的区域。

▲沿着飘窗的走向定制榻榻米，赋予空间更多功能

2. 在露台中与室外环境亲密接触

　　如果说阳台和飘窗是"小家碧玉"，那么露台则可称得上是"大家闺秀"了。露台通常出现在洋房、别墅和多层住宅中，一般没有顶面，完全暴露在室外环境中。露台能够保证室内具有良好的自然光线，也使室内与室外环境的接触更加直接，最适合作为直接享受阳光、眺望、纳凉、种植花草的休闲平台。

▲ 拥有大空间的露台休闲功能更强，还可以在此摆放烧烤架，来个户外聚餐

形态各异、性格鲜明！阳台原来不简单

小小的阳台，虽然面积有限，形态上却并不单一、寡淡。这一方小天地，如同形色各异的人群，有的性子开放，热爱与自然接触；有的却很内敛，喜欢温馨的居家氛围……如同做事情要因人而异一样，在对阳台进行改造时，也要充分了解其特点，才能发现，小小的阳台竟然有如此大的魅力。

1. "凹凸有致"的性感小阳台

阳台按照形状划分，常见凸阳台以及凹阳台。虽同属阳台，但由于形态的不同，在进行"变身"时，分别有着不可忽视的要点。否则，不仅达不到使用要求，还存在一定的安全隐患。

／ 凸阳台 ／

特点：也称悬挑式阳台或外阳台，最为常见，以向外伸出的悬挑板、悬挑梁板作为阳台的地面，再由各式各样的围板、围栏组成一个半室外空间，在视觉上具有空间上的外张力。

优点：空间独立，布局灵活；有三面能与室外环境接触，通风好、光照充足、视野开阔。

缺点：承重能力有限，在布置时应着重考虑其安全性，同时考虑与周围环境的景观一致。此外，不要破坏阳台下面的承重墙以及"挑"的部分，以免对房体结构造成损伤。

适合改造的空间形式：晾晒衣物以及放置一些小巧、轻便的家具，作为休闲空间。

▶ 凸阳台最好选择小巧、轻便的家具，同时可以种植较多的绿植，以营造休闲的观景空间

▲ 凹阳台的安全性能更高，较适合改为封闭式的独立空间

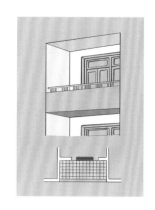

/ 凹阳台 /

特点： 也称嵌入式阳台或内阳台，无悬挑梁板，为占用了住宅套内面积的半开放建筑空间，会给内部空间带来扩展性。

优点： 更加牢固可靠，安全系数大，挡风避雨效果较好。

缺点： 没有转角、直角，只有一个方向可享受到室外景观，视野较窄。

适合改造的空间形式： 卧室、书房等实用性更强的空间。

2. "开放"还是"内敛"?

除了按照形状划分，阳台还有封闭式、半封闭式以及全开放式的区别。这些形态的阳台同样各具特色，只要用心设计，就能在此享美景、乐生活。

/ **全封闭阳台** /

特点：用实体栏板、玻璃等物全部围闭的阳台，目前住宅中多用塑钢窗或断桥铝窗封闭。依据阳台栏板的高低，阳台的采光面积随窗户面积的增大而增大，很多用户将阳台封闭后作为住宅的使用空间，成为居室内部的一部分。

优点：由于全部封闭的效果，所以不用担心风吹雨淋的问题，在墙、地、顶材料的选择上，即使选择没有防水功能的材料，也没有太大的问题。

缺点：通风性、采光性较差，在景观设计时应尽量克服这些不利于植物生长的因素，如利用花盆、种植槽等透气性较好的容器来种植植物。另外，视觉上相对会有压抑感，要适当减少墙面的装饰。

适合改造的空间形式：拥有室内温暖的环境，适合改造成独立的空间，如书房、卧室、餐厅、洗衣房、储藏室等。

▶ 全封闭式阳台适合被打造成一个完整的功能性空间，为居住空间扩容

半封闭阳台

▲ 半封闭阳台的光照相对充足，适合种植大量绿植，形成一个阳台小花园

特点：未全部围闭，是建筑物室内向室外的延伸。半封闭阳台一般由阳台栏板、栏杆、扶手组成，形成一个半开敞空间。其中阳台护栏部分是砖混结构，上面没有封半截窗，阳台有顶面能够遮挡一定的风雨。

优点：由于三面处于封闭状态，只有一面暴露于室外，所以通风性、采光性较封闭阳台好，利于植物生长。

缺点：布置时要注意防水与排水的问题，否则存在渗漏隐患。

适合改造的空间形式：光线能够直射室内，适合改造为阳台花园，还可以使用悬挂式的盆栽来阻隔阳台和室内空间。

/ 开放式阳台 /

特点： 一般指没有顶面的阳台，悬挑于居室外部，与室外环境直接接触，外沿部分全部由阳台栏板、栏杆、扶手组成。由于阳台环境完全暴露在室外环境中，故而视野和景观都等同于室外。

优点： 环境最接近大自然，通风好、采光好。

缺点： 因其完全暴露在室外，夏天缺乏遮阴，容易导致环境炎热，冬天又难以保暖，放置植物易遭受寒害。

适合改造的空间形式： 选择少量的植物装饰，主要以休闲家具为布置重点，可放置一组休闲桌椅，成为轻松自然的朋友小聚空间。至于防晒的问题，可以通过遮阳伞和花架来解决。

▲在开放式的露台上摆放休闲躺椅和遮阳伞，形成一处风景独好的休闲空间

/ 扩展阅读 /

虽然开放式阳台能够使人与大自然有更加亲密的接触，但对于一些需要增加实用功能的家庭来说，会存在利用率不足的问题。这时一些居住者希望把阳台封起来，使之达到更加高效的利用。同时，封装阳台不仅防盗、防坠物，还能保温、隔热、隔音，挡住外面的风风雨雨、吵吵闹闹，营造一个舒适的居家环境，可谓好处多多。但在进行阳台封装前，这三件事一定要了然于胸。

1. 别忘了问物业！

阳台封装这件事，有时并不是自己能说了算的。有的物业为了统一小区外观，是不允许擅自封装阳台的；有的小区物业对封装阳台不进行硬性反对，但会规定封阳台时必须要使用断桥铝。因此，在进行阳台封装时，一定要事先与物业沟通好。

2. 谨慎拆除防护栏！

有些阳台带有防护栏，在封装时，拆与不拆也会成为很多居住者纠结的问题。在小区物业允许拆改的前提下，如果原始防护栏为铁制，且高度不足 1.1m，建议拆掉，因其防护功能较弱，且非常容易生锈。另外，有的护栏装在窗户里面，有的装在外面，在外面的可以在封阳台时包进来，和窗户之间留有一定距离，方便日后晒被子。

3. 封装阳台验收很关键！

阳台封得好不好，不仅和所用的材料有关，工人的安装水平也很关键。因此，主人在验收时一定要检查窗户是否关闭严密、间隙均匀，窗扇与窗框搭接是否紧密，五金是否能够灵活适用。此外，还要确定窗扇的安装位置是否正确、是否牢固端正。

/ 专题 /

小阳台，大满足——不同人群的阳台搭配秘籍

通过了解家中阳台的分布和类型，我们可以看到小小的阳台实际上具备非常多样化的"变身"形式，不同的人群可以结合自身需求来选择阳台的设计形式。让我们做一份调查问卷，看看哪一类的阳台更适合你吧！

调 查 问 卷

① 你家阳台的面积为 _____ m²。

② 你对植物花草是否有偏好，是否希望在家居中体现出自然感？
　　□ 是　　　　　　　　　　　　　□ 否

③ 家中是否缺少一间功能房，如书房、小卧室、儿童游乐室等？
　　□ 是　　　　　　　　　　　　　□ 否

④ 你是否喜爱结交好友，常常会邀请朋友到家中做客？
　　□ 是　　　　　　　　　　　　　□ 否

⑤ 你是否有一些自己的小爱好，希望家中有一处专属空间，不被人所打扰？
　　□ 是　　　　　　　　　　　　　□ 否

⑥ 你是否是"懒癌"患者，没事儿就想躺着晒太阳、发呆？
　　□ 是　　　　　　　　　　　　　□ 否

⑦ 家中的洗衣机是否有适合的放置地点，你是否希望有一处独立的家政间？
　　□ 是　　　　　　　　　　　　　□ 否

通过填写调查问卷，你可以更清晰地了解到个人或家人的需求，充分认清需求之后，再结合阳台本身的特点改造，就能轻松享受阳台带来的"小确幸"。

**分析1：
不同的阳台面积
决定了阳台的功能**

$3m^2$ 左右的小阳台

适用场景：

☐ 作为养花、观景类的生活型阳台

☐ 作为一处个人休闲的阳台小角落

$5m^2$ 左右的中等阳台

适用场景：

☐ 充分挖掘空间，打造成补充家庭需求的功能房

☐ 作为满足邀请亲朋好友做客需求的会客厅

☐ 打造成怡情空间，在此品茗、品酒、喝下午茶

☐ 可考虑借用临近空间的面积，打造功能更加丰富的区域

$8m^2$ 以上的大阳台

适用场景：

☐ "土豪"家庭的露台，可根据需求利用，一般作为户外休闲区

☐ 室内封闭型阳台可改造为多功能区

**分析 2：
剖析需求，
选择阳台类型**

通过回答调查问卷中问题 2~7，选择"是"的问题即对应了阳台的设计类型。若有多个"是"的选择，应结合阳台面积进行设计上的取舍。当然，对于拥有大面积阳台的家庭而言，则可以满足多项功能需求。值得注意的是，学会一定的设计技巧，就能够打造出满足多功能需求的阳台。

对植物花草是否有偏好，是否希望在家居中体现出自然感

对应人群： 多肉爱好者、亲水人群

设计思路：

☐ 对于面积不大的阳台而言，可充分利用墙面和顶面空间，例如在墙面设置搁架摆放花草，用悬吊手法展现绿植，或者结合阳台栏杆固定花架

☐ 对于拥有大面积阳台的家庭而言，可以设计一处亲水空间，利用山石、水景、花草来营造出自然景观

是否是"懒癌"患者，没事儿就想躺着晒太阳、发呆

对应人群： "葛优躺"爱好者

设计思路：

☐ 只要能摆放下舒适的躺椅、摇椅或沙发，就能拥有一方惬意空间

☐ 也可以悬挂吊床，不占用空间，又具有新意

☐ 同样要考虑预留插座位置，"葛优躺"爱好者大多也是刷手机达人

家中是否缺少一间功能房，如书房、小卧室、儿童游乐室等

对应人群： 户型面积为 80m² 以下的小户型家庭

设计思路：

☐ 将阳台打造成功能房，前提是要做好阳台的保温、防寒等措施，保证阳台的使用舒适度

☐ 安全性比装饰性更重要，摆放家具时要考虑阳台的承重

☐ 作为儿童娱乐区域要设置好防护栏，最好选用安全性能高的玻璃封装阳台

是否喜爱结交好友，常常会邀请朋友到家中做客

对应人群： 热情好客、善于结交朋友的人群

设计思路：

☐ 对于面积较大的阳台，可参考客厅会客区的设计手法，但要选择重量轻的家具

☐ 对于面积有限的阳台，可以考虑打造成榻榻米空间，设置升降桌或茶台，也可以借用临近空间的面积

是否有一些自己的小爱好，希望家中有一处专属空间，不被他人所打扰

对应人群： 健身爱好者，或拥有绘画、乐器爱好的人群

设计思路：

☐ 设计方式上没有太多限制，只需在阳台适宜的区域，摆放能够体现爱好的器具即可

☐ 可以利用墙面空间来收纳一些爱好中的辅助用具

☐ 若要放置插电类的器具，要提前规划好插座的位置

家中的洗衣机是否有适合的放置地点，是否希望有一处独立的家政间

对应人群： 家庭主妇

设计思路：

☐ 做好阳台的防水工作是关键，同时要考虑洗衣机、烘干机的防晒问题

☐ 可以结合阳台形态打造收纳柜，做好分区，将打扫用具分门别类地存放

选材有道！阳台装修要点

如果把裸装的阳台比作是素颜的女性，阳台装修所用的装饰材料，就好比是不同彩妆。不同类别的装饰材料，塑造出的阳台面貌也各有千秋，同样也拥有着各自独特的味道。不同的阳台部位对装饰材料的需求各不相同，须仔细探究。

1. 地面选材——美观诚可贵，舒适价更高

不同类型的阳台可以结合自身特点来选用相宜的地面材质，瓷砖冰冷、现代，地板温馨、美观……将这些材质运用得当，可以打造出或实用，或自然的阳台景观。

（1）地砖：服务型阳台的首选材质

服务型阳台的地面材质最基本的要求是防滑、耐磨、抗老化，尤其是作为洗衣房的阳台，由于用水较多，地面选用瓷砖可以起到防水作用。同时瓷砖耐脏，又容易清理，十分省心。另外，地面瓷砖的花色种类繁多，不论何种装饰风格都能找到与其匹配的款式。地面瓷砖的铺装形式也变化多端，不但色彩丰富而且形状规格可控，许多特殊类型的面砖还可以满足不同阳台的特殊铺贴需要，创造出独特的阳台效果。

你可以这样选！

釉面砖

特点：釉面砖表面经过烧釉处理，可按原材料的不同分为陶制釉面砖和瓷制釉面砖；按照光泽不同，又可分为亚光和亮光两种类型。

优势：具有丰富的色彩和图案，防滑耐磨的同时，还具有较好的防污效果。

运用方式：在有用水需求的阳台，选用亮光釉面砖会更好。

▲ 几何纹样的釉面砖丰富了阳台表情，令原本有些寡淡的阳台有了视觉聚焦点

／ 抛光砖 ／

特点：通体砖打磨抛光后，就叫抛光砖。

优势：光亮度比通体砖高，硬度强、耐磨性也非常好；装饰性比较强，通过渗花技术处理的抛光砖拥有各种仿石、仿木的纹路效果。

运用方式：服务型阳台无法避免用水，若想体现自然感，适合选用抛光砖。

◀ 仿砖纹的抛光砖令阳台有了一种原始的粗犷感，趣味性十足

／ 通体砖 ／

特点：表面不上釉，正反面材质和色泽一样。

优势：耐磨性和防滑性是所有瓷砖中最好的。

劣势：花色的设计比不上釉面砖。

运用方式：适合用在颜色较素的阳台地面。

▲ 光洁的通体砖增加了阳台的通透感，与整体简洁的风格搭配相宜

设计小窍门

若觉得常规地面砖的花色比较单一，不妨选择图案丰富、色彩绚丽的花砖。花砖通过不同的组合和切割，可以演绎独具个性的装饰风格，仿佛自带天然的浪漫主义气质与文艺气息。你也可以选择六角砖等异型地砖来丰富阳台地面的"表情"，打破传统空间理念，提升阳台的装饰度以及层次感。

（2）木材：增加生活型阳台的温馨感

木材是一种"暖性"材料，给人以温馨、舒适的感觉，更显典雅、自然。对于生活型阳台的地面选材，显然木材比坚硬、冰冷的地砖更具优势。而一些经过处理的木材基本不受环境影响，对于铺装阳台来说也十分耐用。

你可以
这样选！

/ 防腐木 /

特点：具有防腐的作用，即使是开放式阳台，打理起来也比较方便。

优势：可以有效防止微生物的侵蚀，也能防止虫蛀，同时防水、防腐，可以经受户外比较恶劣的环境。其气质贴近自然，和花花草草能完美融合，让阳台充满生机与活力。

劣势：价格比一般地板略高，其自身的热胀冷缩没有经过特殊处理，因此变形比较严重。防腐木一般会有5mm的留缝，视觉效果粗犷，不太适合和洗衣机以及整体柜子搭配。

▲ 长条款防腐木大气、美观，自然感十足

干货
分享

防腐木的施工要点

在施工时，应尽可能使用防腐木现有的尺寸，如需切割、钻孔时，必须使用 CCA 木材防腐剂进行涂刷补救，以保证防腐木的使用寿命。在搭建露台时，则应尽量使用长木板以减少接头，追求美观。另外，由于防腐木板面之间有留缝，因此所有连接点需使用热浸式镀锌紧固件，或者不锈钢五金件。当防腐木表面用户外防护涂料或油漆类涂料涂刷完后，为了达到最佳效果，48 小时内应避免人员在上面走动或移动重物，以免破坏防腐木表面已形成的保护膜。若想取得更好的防脏效果，必要时可以在防腐木的表层再做一道户外专用的油漆处理。

／ 塑木板 ／

特点：高科技绿色环保新型装饰材料，兼有木材和塑料的性能与特征。

优势：防水防晒，不会因为阳光暴晒而变形，拆卸十分方便，可以重复利用。

▲ 原本为地砖的阳台，想要体现自然感，塑木板可以充分发挥其拆装方便的优势

防腐木+草皮+小石子

设计
小窍门

若觉得阳台地面只用木材铺设显得有些太单调，还可以尝试加入人工草皮或小石子进行辅助装饰，使阳台的自然感更加强烈。这样铺设的地面，不管是雨水还是晾衣的滴水，都不用担心其渗漏。

木塑板+小石子

防腐木+草皮

（3）其他材质：丰富阳台地面的"表情"

除了常见的地砖和木材地面，阳台地面材质还有更多样化的选择，如体现现代感的水泥粉光地坪。

/ **水泥粉光地坪** /

特点：颇具质朴的粗犷之美，防水性较好；无接缝的特性让视觉延伸，放大空间感。

劣势：水泥地面有局限性，风格上比较适合偏现代感的阳台设计。

◀ 光滑、亮洁的水泥粉光地坪非常适合作为阳台洗衣房的地面材质

/ **红砖块** /

特点：抗压、抗折能力较强，且具有原始粗犷感。

劣势：自重较大，需考虑阳台的承重性。

◀ 红砖地面搭配藤椅和绿植，营造出仿若热带雨林的原始气息

/ 扩展阅读 /

无论是封闭式阳台，还是开放式阳台，都少不了和水打交道，不仅要防止生活用水将阳台变成"水室"，也要注意雨水的冲刷。因此，阳台地面防水处理可谓重中之重。

① 选用性能较好的防水涂料

阳台防水层是暴露在室外的，有炎热日光的暴晒、狂风的吹袭，以及雨雪的侵蚀。所以，应选择抗拉强度高、延伸率大、抗老化效果好的防水材料。

② 阳台防水层的厚度要做足

阳台防水层的厚度至少为 5mm，一般用粉刷防水涂料涂刷 2~3 遍即可。

③ 阳台地面需有坡度

未封闭的阳台遇到暴雨会大量进水，为避免雨水流入室内，要考虑地面水平倾斜度，保证水能流向排水孔。一般来说，阳台地面应低于室内地面 30~60mm，向排水方向做平缓斜坡，外缘设挡水边，将水导入雨水管排出。

④ 安装排水顺畅的地漏

若阳台上准备放置洗衣机，应安装专用的洗衣机地漏，以免洗衣机排水量大于地漏排水时造成阳台积水，不及时处理就会渗漏。

⑤ 一定要做 24 小时闭水测试

地漏管道等缝隙，在进行防水处理时一定要仔细，这些地方往往是下渗的源头。做完防水，一定要进行 24 小时闭水测试。

2. 墙面材料——兼具防潮、防水、易清理的特性

阳台墙面材料同样可以根据阳台的类型加以区别对待。总体来说，阳台墙面材质既要经得住风吹日晒，也要方便打理养护。作为用水空间的功能型阳台，瓷砖是最好的选择，若居住者喜爱营造自然、休闲的阳台氛围，外墙乳胶漆和木墙板也是不错的选择。

（1）墙面瓷砖：防水、防雨双保险

如果阳台面积不大，又有洗衣机、烘干机等设备，那么墙面最好使用小方砖铺贴，不仅防潮、防水，而且能够带来不错的装饰效果。墙面砖建议铺到顶，这样视觉感较好。阳台的空间比较小，因此适合选用尺寸偏小的瓷砖，通常 250mm × 360mm 以下的尺寸会更协调。一些开放式阳台的墙面也比较适合墙面瓷砖，因其对酸雨有较强的抵御能力，打理起来也十分方便。

▲ 小尺寸的白色瓷砖令空间显得干净、明亮

▲ 方格釉面砖具有防水、易擦拭的特点

（2）外墙漆：要考虑阳台使用功能

对于阳台墙面来说，乳胶漆也是可以选择的材料。虽然相对于瓷砖来说，乳胶漆的防水性能和抗色变性能较差，但因其可以保持阳台的整齐感，而且个性十足，所以被很多居住者青睐。但需要注意的是，最好选用外墙漆来刷阳台墙面，其具有防晒功能，即使长时间照射也不会变色。另外，墙面涂刷乳胶漆比较适合做休闲使用的封闭式阳台，而对阳台洗衣房来说则并不适合。

▲ 乳胶漆墙面结合墙面装饰线，能增加精致感

▲ 带有颗粒感的乳胶漆墙面，更具自然感

▲ 木板墙的自然效果极强，同时能够为阳台带来温润的视觉感

（3）木板墙：贴近自然，令生活更舒适

对于具有休闲功能的阳台或者阳台小花园来说，用木板装饰墙面也是不错的构想，会带来森林小木屋般的童话气息，同时也体现出居住者对高端生活品质的追求。这种把自然、健康、环保的概念融入阳台墙面装饰的设计，可以使阳台的环境更加舒适。

（4）文化砖：提升阳台格调的利器

文化砖的装饰效果极强，岁月痕迹比较明显、自然，其自带的复古感与粗犷感令阳台墙面产生了一种野趣。在铺贴文化砖时要注意进行留缝和填缝处理，尤其在填缝时，缝隙要填满，否则上漆后容易有黑点。比较好的处理方式是将厚度控制在砖的 1/2 或 2/3 处，会比较有立体感。

▲ 文化砖自带的文艺气息大大提升了空间的格调

▲ 红色的文化砖墙面复古感极强，搭配小黑板，营造出了小酒吧的即视感

3. 顶面材料——以功能性为主，兼具装饰性

封闭型阳台，其吊顶材料的选择比较多样化，总体原则上须保证防潮、保温、防霉、防开裂。

（1）桑拿板：具有较强的装饰效果

桑拿板是非常适合阳台吊顶的材料，不仅安装便利，同时可以带给人一种轻松、自然的感觉，但其缺点是可能会受到高温的侵蚀而变色。另外，在安装桑拿板吊顶之前，最好把晾衣架预埋件做好，因为预埋件只有与实体墙结合才最牢靠。如果事后穿过吊顶安装晾衣架，其承重力会减弱。

▶ 选择桑拿板做阳台吊顶的材质，往往能凸显出强烈的自然感

（2）玻璃：选择品质好的材质是关键

利用透明、半透明或彩绘玻璃作为阳台的顶面材料，可以充分利用采光，营造开阔的视野，但这种吊顶形式更适合开放式的大阳台，且清洁起来难度较大。另外，在选择玻璃吊顶时一定要注意材质的安全性能。

▲ 通透的玻璃将阳光更加均匀地洒向阳台，营造出更加舒适的体验

（3）铝扣板：性能较好的吊顶材料

铝扣板具有质轻、耐水、抗腐蚀等特点，其性能比桑拿板和塑钢扣板要好，是阳台厨房比较理想的吊顶材料。但铝扣板的安装要求比较高，拼缝不如塑钢扣板精密，板型款式也没有塑钢扣板多。具体选择时，不必太在意厚度，0.6mm 即可，但一定要对铝扣板的用料详加甄别，其弹性和韧性好坏是关键。

▲ 铝扣板吊顶价格低廉，且易于清洁

（4）防水石膏板：以优良的防水性取胜

防水石膏板吊顶具有优良的防水性能，且其整体性、平整度都比较好，是比较适合阳台顶面的材料。然而，防水石膏板的吊顶价格相对于一般吊顶材料来说要高。

◀ 由于采用防水石膏板的阳台吊顶没有过多的装饰，地面就可选用黑白菱形地砖铺贴，这样整体视觉不会显得杂乱

4. 阳台护栏——保证安全性能是首要条件

阳台护栏需具备结实、坚固的特点，并在保证坚固、安全的基础上，不宜过粗、过密，否则会影响光线的透过和视线的穿透，也会对窗玻璃的清洁带来不便。为了安全起见，其高度通常为 1100~1200mm。若是开放式阳台，其护栏底部还应设有一定高度的护板，以防止物品掉落。

（1）玻璃护栏：**不会阻碍阳光的照射**

玻璃护栏简洁、美观，装饰效果比较好，同时还具有不阻碍视线和光线的优点，比较适合盆栽、花盆植物的摆放。但其造价较高、抗冲击力差，受到撞击易破碎，且不太适合垂直绿化。一般采用硬度高的钢化玻璃，厚度至少为 12mm。合理的做法是用双层 6mm 厚的玻璃，中间夹胶、内层钢化、外层不钢化。如果觉得缺乏安全感，可以在玻璃上贴图案或增加扶手。

▲ 玻璃护栏的通透感较强，可以使阳光洒满阳台的每一个角落

（2）铁艺护栏：**材质本身就很美**

铁艺护栏的造型能力非常强，纤细而美观，装饰效果非常好，居住者可以根据喜好进行造型设计以及颜色选择。铁艺护栏与花箱、花盆搭配在一起，也可以形成比较好的景观效果。但铁艺护栏的缺点是不耐腐蚀，面漆脱落易生锈，需要进行定期的保养、维护。

▲ 铁艺护栏本身的装饰感就很强

▲ 在不锈钢护栏附近植栽花草绿植，可以增加阳台的装饰效果

（3）不锈钢护栏：用后期装饰凸显美感

不锈钢护栏比较耐腐蚀，使用周期长，且易清洗、安装快捷。但这种护栏的样式比较单一，色彩也比较单调，后期的装饰搭配比较重要，可以用植物搭配来增加护栏的美观度。

▲ 用麦秸秆作为阳台栏杆的装饰，自然感十足

（4）自然材质护栏：最能体现阳台特质的材料

这种护栏一般情况下为二次设计，往往是在玻璃、铁艺等材质的护栏基础上，用防腐木、麦秸秆等天然材质进行叠加设计，使阳台的装饰效果更具自然感。

干货
分享

护栏可根据阳台类型加以区分

封闭式阳台为了获得良好的光线和视野，往往会采用落地玻璃窗。此时有必要在玻璃内侧设置护栏，一方面可以避免产生恐高感，另一方面也能防止家中的孩童及老人撞到阳台玻璃。对于开放式阳台，阳台护栏则不宜采用实体栏板，而应选择部分透空、透光的栏杆形式，保证通风良好，也便于获得良好的视野。另外，有条件的话，护栏的横杆部分最好选择触感温润的材质，并做成扁平的形式，以提高扶靠时的舒适度。

5. 阳台玻璃——封装阳台的关键材质

对于需要封装阳台的居住者来说，选择何种窗户玻璃十分重要。阳台玻璃一定要具备抗冲击、保温隔热、隔音的特点。窗户颜色宜用宝石蓝、翠绿、茶色等，也可用镀膜玻璃，这种玻璃从外面看不到里面，里面则可以看见外面，可以保证阳台的私密性。大多情况下，阳台玻璃窗最常用的还是钢化玻璃。

钢化玻璃具有硬度强、不易碎的特点，可以加工成单层玻璃、中空玻璃以及夹层坡璃。阳台玻璃比较推荐双层中空玻璃，由两层玻璃组成，保温、隔热、隔音的效果都不错。另外还有一种真空玻璃，工艺比中空玻璃更复杂，两层玻璃间抽成真空，其优点是更薄、更隔音，但价格也往往比较贵。

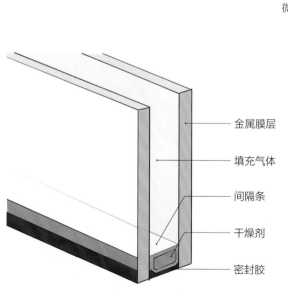

安装用密封保护套

抽气孔及保护帽

玻璃

0.2mm 真空层

微小支撑物

金属膜层

填充气体

间隔条

干燥剂

密封胶

▲ 真空玻璃结构

▲ 中空玻璃结构

6. 阳台窗框——切忌跟风，适合的才是最好的

阳台窗框材质较常见的包括塑钢、铝合金和断桥铝三种。有些偏爱自然感的家庭，也会考虑实木窗，但由于木材的抗老化能力差，热胀冷缩变化大，日晒雨淋后容易被腐蚀，因此并不推荐，可以用铝包木窗进行替代，其主体结构为纯木，但通过特殊工艺在窗外侧镶嵌了一层铝合金型材，这样的构造加强了木窗的耐候性，同时又能够凸显自然感。

（1）塑钢窗框——经济但美观度一般

塑钢中间为钢结构，是一种外面包裹着塑料的挤压成型的型材，一般为白色。塑钢窗框的价格便宜，其隔音、隔热、保温、气密性、水密性等性能都不错。但是其断面较大，美观度较低，且还影响采光。

（2）铝合金窗框——综合性能高，隔热性欠佳

铝合金具有较好的耐候性、抗老化能力以及装饰性能，价格上也较经济。但这种窗框的隔热性不如其他材料，也不属于节能产品。在运用时，铝合金型材的厚度应在 1.2mm 以上。

（3）断桥铝窗框——性能好，但价格贵

断桥铝窗框的里外两层都是铝合金，中间用塑料型材连接起来，因此既有铝合金的耐用性，又有塑料的保温性，可谓兼具塑钢窗框和铝合金窗框的全部优点。但其制作和施工成本都很高，且市场价格差异性较大，从200~1000元/平方米不等，在选购时，需要消费者辨别材质的优劣。质量好的断桥铝窗框可能会花费上万元。对于较昂贵的花费，居住者可以根据家庭的具体情况加以选择。

要不要选择断桥铝窗框，首先要认清其在保温、隔热以及隔音方面的优势。如果居住的空间环境夏天使用空调，冬天使用地暖，运用断桥铝结合双层中空玻璃，可以将室内的温度保持得更好。如果居住的空间临近马路或高速公路，环境比较嘈杂，运用断桥铝结合双层中空玻璃，就能保证室内良好的隔音效果。若对这两方面的需求不高，使用一般的铝合金窗框即可。

设计 小窍门

有一种主体结构为断桥铝合金窗，但通过特殊工艺在窗内侧镶嵌了一层优质纯木材，从而形成木包铝结构，这样的构造完美地保留了木窗的审美特色，同时增加了木窗的刚性、耐候性、风压性等特质，比较适合对自然感要求较高的家庭。

/ 扩展阅读 /

除了各种材质的窗框，目前还流行一种新型休闲阳台窗，即无框窗。

优点：和有框窗相比，无框窗整体更美观，且能够提供最大限度的采光和最大面积的空气对流；能叠能收，不影响建筑的外立面。

缺点：密封性比不上有窗框的阳台，隔热、隔音的效果也会打折扣。另外，价格也会更贵，根据所用的材料不同，价格 100~1000 元 / 平方米不等。

适合的安装环境：由于能够左右移动，也能 90° 打开，或是全部折叠打开，全部打开时看起来像是没有封阳台，因此异形阳台也能安装。

不适宜的安装环境：由于没有横框和竖框包装，稳定性较差，10 楼以上不建议安装，因高层风大，会产生安全隐患。

安装要点：为了保证强度，要用钢化玻璃、五金件稳固上下轨道，且无框窗需用 6mm 或 8mm 的中空钢化玻璃，如果是无框折叠阳台窗则一般采用 6mm 或 8mm 钢化单片折叠或双片折叠玻璃。

推荐度：☆

虽然无框窗的颜值较高，也属于较新潮的设计，但对于一般家庭来说并不推荐。依据以往的经验，无框窗使用两三年后，玻璃与玻璃之间的胶性密封条容易老化，其耐用性比有框窗低很多。

实用与美貌兼具的阳台家具

　　家具可谓是家居空间中必不可少的物件之一，其具备的坐卧、储藏等功能可以为居家生活带来便捷、舒适的体验。阳台小空间中，摆上一把布艺沙发就能营造出一个与世隔绝的私人小空间，如放置几把铁艺座椅、一方茶台，即可与三五好友在此畅谈，享受欢聚时光。

1. 贴近空间特点，选择阳台家具

　　阳台是家中比较特殊一个空间，因此阳台上的家具和家中其他区域的家具在选择上也有所不同。除了依然要考虑家具的尺寸与风格是否与整体空间相协调之外，阳台家具一定要质轻，不可超出阳台的承重范围。

（1）阳台承重有限制，选用家具要轻便

　　阳台是住宅建筑的延伸部分，不像客厅、卧室那样有承重墙支撑，所以其承重能力有限。阳台荷载一般为 $2.5kN/m^2$，也就是说每平方米最多能承受 250kg 的重量。所以想把阳台打造成书房放书架和书籍时，或者改成花园放大花盆时都要慎重，不要超过阳台的承重范围。

▲ 方便折叠且轻便的家具，最适合在阳台上摆放

▲ 封闭式阳台可以考虑布艺、实木等不防水但耐晒的家具

▲ 开放式阳台应选择耐晒、防水材质的家具

（2）根据阳台特性选择合适材质的家具

如果家中阳台为开放式，可以选择合金材质的阳台家具，这样的材质不仅可以带来美的感受，而且能承受户外的风吹雨淋；如果阳台为封闭式，不必担心日晒雨淋，柔软的布艺家具或者木质家具则是不错的选择。

2.熟悉家具材质，选得好，才能用得好

阳台家具材质的类型与其他空间并无差异，只要掌握好不同材质家具的特点与保养方法，就能运用得当，打造出贴合居家生活特质的阳台小时光。

（1）布艺类家具

布艺家具比较容易受到环境条件的影响，过度的阳光直射以及水汽影响都会大大降低家具的寿命，因此布艺家具比较适合摆放在封闭型的阳台。若在开放式的阳台环境中摆放布艺家具，体量不要过大，应保证在环境较为恶劣的情况下也方便收纳；也可以在家具周围栽植植物，它们能够吸附空气中的尘埃，在一定程度上保证家具的清洁。

优点： 款式多样，价格较便宜
缺点： 易脏，容易陈旧
适合对象： 封闭式阳台

干货分享

布艺类家具的保养方式

① 除尘：布艺沙发在日常清理时，如果沙发表面只有浮尘，可以用小吸尘器进行清理；如果没有吸尘器，也可以用干净的湿毛巾在沙发表面轻轻拍打，同样能够起到清洁尘土的作用。

② 去污：如沾有污渍，可用干净抹布沾水拭去，为了不留下印迹，最好从污渍外围擦起。丝绒家具不可沾水，应使用干洗剂清洗。定期使用清洁剂清洗，洗后应将清洁剂洗干净，否则更容易染上污垢。

（2）木质家具

木质家具自然、美观、耐用，由于木材的导热性差，放置在半开放式的阳台中，即使在冬季也不会有冰凉感。另外，木质给人的感觉温和，软硬程度和光滑程度均适中，能够给人带来舒适的体验，增加阳台的韵味，进而调节人的情绪。

优点： 结实耐用，自然感强

缺点： 容易变形、开裂

适合对象： 封闭、半封闭式阳台

木质家具的保养方式

① 除尘：平时的实木家具保养方式就是清洁表面灰尘。清洁表面时，可先使用中性的肥皂水兑温水进行擦拭，然后再用清水擦拭，一直到擦干为止。这样做的好处是可以减少脏污渍透过油漆而进入到实木木质表层。

② 上蜡：如果是在春季、秋季可以使用一次性实木保养油，每周擦拭一次。定期上蜡也是不错的保养方法，可增加实木外观的美感，但半年进行一次即可，过度上蜡也会损伤涂层外观。

③ 防虫蛀：木质家具很容易被虫子钻食，所以要定期上漆，发现掉漆现象应及时进行补漆。实木家具表面用浓盐水多涂抹几次，有防虫蛀的作用。

（3）金属家具

金属家具的现代感较强，且线条比较利落，尤其是铁艺家具，充满了浪漫、温馨的气息。金属家具体量一般较轻，且比较精致、小巧，方便移动。其多样化的造型，能够满足不同形态的阳台需求，使用率较高。

优点：极具个性，有些可折叠
缺点：材质较冰冷，直接坐舒适度较差
适合对象：封闭式阳台

金属家具的保养方式

① 清洁：金属家具有了灰尘用干棉布擦拭即可，若不小心沾上油污，用湿布擦拭，再用干棉布擦拭一遍，以防水分残留引起生锈。

② 防锈：金属类家具一般都会涂有一层防锈剂，或镀有一层惰性金属。真正优质的防锈家具固然不会生锈，但最好还是少与水接触，也不要放在潮湿的地方，以免镀层脱落生锈，经常用干棉丝或细布擦一擦，以保持光亮和美观。

③ 防划伤：无论哪种涂装的金属类家具，挪动时都要轻拿轻放，避免磕碰；同时要避免触及水果刀、钥匙坠等硬金属件，以免造成划伤。

（4）藤制家具

藤制家具的框架是由天然原木整体弯曲制成，未破坏木材内部结构，所以韧性比一般实木家具要高，在潮湿和干燥的环境下不变形、不开裂。另外，编藤类家具能够保持大自然原有的天然纹路，带给人一种返璞归真、古典的感受。一把简单的藤制家具不论在哪种风格的阳台中都能很好地融入环境。

优点：冬暖夏凉
缺点：需要定期保养
适合对象：任何阳台

干货
分享

藤制家具的保养方式

①除尘：清洁时可以用吸尘器先吸一遍，或者用软毛刷由里向外先将浮尘拂去，然后用湿一点的抹布抹一遍，最后再用软布擦干净即可。

②防晒：避免阳光长时间直射，以防藤料褪色、变干、变形、开裂、松动和脱开。

③防蛀：使用一段时间后，可用淡盐水擦拭，既能去污又能使其柔韧性保持长久不衰，还有一定的防脆、防虫蛀的作用。

④翻新：先进行清洁，用干毛巾擦干，然后用砂纸打磨藤制家具的框架，使表皮污渍去除并且恢复光滑，再上一层光油保护，即刻焕然一新。

（5）玻璃家具

单纯的玻璃抗压能力较弱，制作茶几、坐凳的玻璃一般都是钢化玻璃。这种材质的家具防水、耐腐蚀性较高，且不受外界环境因素的影响，而且简约大方，适合现代风格的阳台环境。此外，玻璃家具还常与金属、藤制等其他材质的家具组合使用，多样化的材质组合，能够满足更多样化的阳台需求。

优点： 简约大方、防水、耐腐蚀
缺点： 安全性能略低，要谨慎使用，尽量防止磕碰
适合对象： 任何阳台

干货
分享

玻璃家具的保养方式

① 除尘：清洁时可以用吸尘器先吸一遍，或者用软毛刷由里向外先将浮尘拂掉。

② 去污：钢化玻璃家具上的灰尘、水渍可以直接用毛巾或报纸擦拭，若是油污等污渍则可用肥皂水、酒精或者玻璃清洗剂擦拭，切忌用硬物刮磨。

③ 摆放：在室外放置玻璃家具时应放在一个较固定的地方，不要随意地来回移动，也不宜搁置太多重物，搁放东西时，要轻拿轻放，切忌碰撞。

（6）塑料家具

塑料家具的化学性质稳定，具有较好的耐磨性。这种材质十分轻盈，移动起来也十分方便。这些特点使得塑料家具在阳台中的使用率较高。但若在阳台餐厨中使用，应避免塑料与高温物体接触，以免发生烧熔现象，影响家具的美观。

优点：小巧轻盈、价格低廉
缺点：要避免与高温物体接触
适合对象：休闲型阳台

干货分享

塑料家具的保养方式

① 去污：塑料家具可直接用湿布擦拭灰尘、水渍、油污等污渍，发现油污应及时擦拭干净，防止油污与塑料发生化学反应，引起变色。

② 摆放：塑料家具忌长时间接受阳光直射，温度过高或长期暴晒会加速塑料的老化，使之变软，严重的会剥落粉化。温度过低也会使塑料变硬、变脆，降低塑料的抗压性。此外，也应避免一些酸碱性物质沾染使其发生变化。

创意无限：增添乐趣的阳台小软装

要想让阳台变得美美的，可以增添空间乐趣的小软装必不可少。这些小物件的花费不会很高，装饰效果却很好。在阳台上添置一些有格调的装饰物件，一点一点提升居住空间的美感，就能够让阳台慢慢接近自己喜欢的模样。

1.温柔又多情的阳台布艺

布艺所独有的温润触感，可以为阳台小空间增加温度，无论是提升空间舒适度的窗帘，还是体量小巧的地毯和抱枕，都能够让阳台变得温柔又多情。

（1）窗帘：遮光、保暖，提升空间舒适度

由于阳台是与户外最接近的空间，做好遮光与保暖才能提升使用时的舒适度。在众多的软装种类中，窗帘具备了遮光与保暖的双功效。其中，百叶帘最为适合，不仅能保护阳台上的家具、家电，还能调节光线，富有情调，也不会占用空间。此外，还可以用布帘营造温馨的家居氛围，特别是用来扩进室内的阳台，若与卧室或客厅合为一体，使用布帘最为适合。

设计
小窍门

阳台要选用材质耐晒、不易褪色的窗帘，其中厚型窗帘对于形成独特的阳台小环境及减少外界对阳台环境的干扰，更具显著的效果。

▲ 纱帘遮光，布帘保暖、保隐私，双层窗帘的用途定位更加清晰化

▲ 天然材质的地毯与家具和地面材质搭配相宜，为阳台注入满满的自然气息

▲ 黑白几何纹样的地毯丰富了地面"表情"，使阳台的视觉效果更富层次感

（2）地毯：缓解地砖的"高冷"姿态

一些运用地砖铺设的阳台，其地面给人的印象不像防腐木那样温和，甚至会带有一丝冰冷的感觉，沾上水后还会变得湿滑。若要解决这一问题，最直接的方法就是铺设地毯。地毯不仅具有温暖的特质，还能带来较强的装饰效果。

（3）抱枕：形影不离的家具小伙伴

不管是什么材质的阳台家具，都有一位"至死追随"的小伙伴，它们可能会以不同的形状、不同的色彩出现，但只要它们一来，再冷硬的家具都会变得柔软起来，它们就是——布艺抱枕。布艺抱枕不光使冰冷坚硬的家具变得温暖起来，同时也给我们带来柔软而舒适的触感，即使再单调的阳台氛围，有了布艺靠枕的点缀，也能变得与众不同。

▲ 亮色的抱枕仿若暖阳一般为阳台小空间增添了温馨感

▲ 植物花纹的抱枕与绿植融入在一起，令阳台的绿化更有趣

2. 有趣的灯饰既是照明工具又是装饰

好看独特的灯具不光能起到照明的作用，也是非常棒的装饰品，即便不用其他点缀，一盏出色的灯饰就能凸显阳台的魅力。

（1）吊灯：装饰效果极强的阳台主光源

吊灯常作为阳台的主光源，解决阳台的主要照明问题。同时，垂下的吊灯像垂吊的枝条，散发着柔和的光芒，照亮着阳台，装饰效果非常强烈。

▲ 简单的单头吊灯保证了阳台的主光源　　　　▲ 多头吊灯既有照明效果，又独具装饰性

▲ 小串灯作为墙面装饰，创意感十足

▲ 在家具和墙面装饰上悬挂小串灯，往往能够营造出浓郁的浪漫气息

（2）灯串：将阳台情调大幅提升的小装饰

将灯串缠绕在家具、栏杆、植物上，或者作为墙面装饰，都非常不错，仿佛为阳台带来神秘的森林系仙境感，非常能够满足想要凸显情调的居住者的需求。

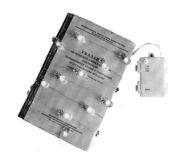

（3）风灯：提升阳台格调的好帮手

风灯也是一种营造阳台氛围的好帮手，将其挂在墙上或者摆放在桌子上，都很有复古情调，也能彰显出居住者良好的审美情趣。另外，由于其体量小巧，方便随时拿取，在一些特别的日子里，也是不错的装点小物。

▲ 放置在地上的风灯与灯串、蜡烛的微光交相呼应，使阳台上的节日气氛浓厚

▲ 小小的风灯装饰感极强，为闺蜜间的下午茶时光带来了浪漫情怀

（4）蜡烛：摇曳的光影独具温情

虽然蜡烛的亮度不强，但也具备照明的功能。当然，蜡烛的主要功能还是起到装点作用。在夜空之下，点燃微微烛光，摇曳的光影，既能成就伴侣之间真情的告白，也能成为一人时光的温暖陪伴。

▲烛台吊灯与小灯串共同成为阳台的照射光源，丰富了阳台吊顶的层次感

▲ 桌面上的组合式蜡烛与地面上的蜡烛相互呼应，装饰感更加一体化

▼ 装饰挂盘成为阳台墙面的吸睛亮点，与小黑板的组合十分有趣

▲墙面装饰木版画灵活性很强，让小阳台变得十分生动

3. 不浪费空间又显眼的墙面装饰

阳台墙面装饰即便体量不大，其突出的位置也会给空间带来一些意想不到的装饰效果。墙面装饰在不占用空间的同时，还能平衡空白，可谓是用小物件带来了大精彩。

（1）装饰性墙面挂饰：增加阳台的灵动性

具有装饰性的阳台墙面挂饰主要有装饰画、小黑板和装饰版画等类型，由于阳台的面积有限，最好选择尺寸小的款式。另外，装饰挂盘、手工编织的挂毯也都是阳台墙面很好的装饰物。

▲简单的搁板为阳台墙面增加了摆放装饰小物的空间

（2）实用性墙面装饰：不仅"貌美"，也很实用

阳台上具有实用功能的墙面装饰，最常见的就是各种形态的搁板或搁架。在搁板上摆放上书籍，就能打造出一个阅读小角落；若结合一些装饰摆件，则为阳台塑造出一处小小的景观，停驻观摩，更能感受家居的情趣与温暖。

▲在搁板上放上喜爱的书籍，在温柔的日光下静享阅读之趣

4. 装饰摆件："跳跃"在阳台上的灵动小物

作为阳台装饰爱好者，装饰摆件真是让人又爱又恨。这些小物件的装饰效果极强，但摆放不好则会令原本就不大的阳台显得凌乱不堪。实际上，阳台装饰摆件不用太多，选择合适的几种物件做点缀，阳台将更具体的氛围感和生动感。

（1）园艺工具也能是装饰品

摆放整齐的园艺工具也能给阳台带来不错的装饰效果，如果不想摆放工艺摆件在阳台上，那么码放整齐的园艺工具就是你最佳的选择。

▲将多肉专用的组合工具挂在墙面上，与字母装饰等物结合，营造出杂货风阳台

◀只要将锈迹斑斑的洒水壶随意放置在地面上，就能为阳台带来满满的复古风情

（2）生物造型装饰还原自然感

不知道如何选择装饰品来装点阳台，那么生物造型的摆件一定不会出错，在绿植花卉旁摆放动物、昆虫的摆件，非常具有自然感。

▲将动物造型的装饰穿插在绿植之中，若隐若现间令人的视线仿若误入丛林

▲ 墙面上的鹦鹉装饰作为阳台花园的点睛之笔而存在，让空间中多了几分鲜活气息

▲ 自然界中的花草枝叶晒干之后就是绝美的装饰

（3）不花钱的自然素材，装饰效果却很好

　　大自然中的很多素材实际上是很好的装饰物，如常见的松果、浮木、枯枝等，捡上几件放在阳台上一起展示，就能轻松营造出自然氛围。

▲ 用自然界中的枯木做一个坐墩，给小空间中增添了天然韵味

让阳台更富表现力的装饰艺术

阳台不仅是植物的天下，还是家居饰品的用武之地。主人可以通过一些装饰物来烘托出不一样的气氛，例如摆上复古的家具和做旧的动物小摆件，就可以营造出悠闲而别致的法式乡村风情。其实，装饰阳台并不需要大费周章，只需要利用小的装饰物，就能够拥有相当生动的阳台艺术景观。

1. 让阳台一步步变美的装饰步骤

步骤一 先设定阳台 功能与风格	步骤二 选择适合的 装饰材料	步骤三 摆放能够满足 功能需求的家具
通过了解空间特点、个人及家庭成员的需求、喜好，确定下来阳台的基本功能，再结合家居整体空间的风格来设定阳台大体上的装饰格调。一个空间的风格设定如同写作提纲，对全局具有统筹作用。	阳台装饰材料除了须满足防水、防晒、耐腐蚀等基本要求外，还要符合阳台风格，这样才不会脱离空间主体，使整个空间的基调保持一致，形成视觉上的和谐感。	当阳台大框架定下来后，根据阳台设定的功能及风格，定位家具的类型、材质及色彩。阳台家具一般以成品家具为主，价格相对较低；若对于阳台的功能性要求较高，则可以结合空间形态定制家具。

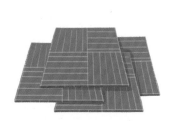

步骤四
**用体现情调的软装
饰来填补空间空白**

　　选定好适合的家具之后，
阳台装饰基本完成了70％。
若想让阳台变得更贴近心中的
想象，则需要用体现情调的
软装饰来填补空间空白。在
选择软装饰时不用一步到位，
可以多次添加。阳台软装的
灵活性较高，天然材质或亲
自手工制作都是不错选择。

2.给阳台一点"颜色"看看

色彩是空间中重要的美学表现元素，在阳台设计中也不例外。合理的色彩搭配运用到阳台布置中，可以使原本狭小的空间丰富多彩起来，变得错落有致，而且选择不同的色彩会营造出层次多样的视觉效果。

（1）将天然色彩与人工色彩相融合

与其他空间不同的是，阳台色彩构成往往不是单一的，而是由天然色彩及人工色彩结合在一起而形成，其中植物作为有生命的色彩，其变化是非常丰富的，所以在布置阳台时，要考虑到将植物所具有的色彩、姿态，合理地运用到布置之中。

/ **活力型阳台** /

红色系的出现可以点燃阳台的活力，不论是自然花草的红色，还是家具软装的红色，与绿色搭配起来，色彩撞击效果十分强烈，即使体现在角落或墙面，也会为阳台带来满满的元气。

/ 多彩型阳台 /

阳台色彩通常比较丰富,各种花朵的色彩可以打造出万紫千红的姿态。但为了避免视觉上显得过于杂乱,可以选择黑色、白色或木色的家具,而在软装上丰富色彩的选择。

/ 温馨型阳台 /

温暖的黄色是明媚阳光的代言人,将其与绿色组合,总是能有温暖到心头的感觉,不论是花卉,还是软装,都能让阳台时光变得温柔又缓慢。

/ 清雅型阳台 /

浅蓝色系可谓是清新派的代表,单独使用可能会过于清冷,但与绿色搭配起来,就创造出一种可爱又清爽的感觉,营造出独特的阳台氛围。

（2）根据阳台风格定位色彩搭配

虽然阳台在大多数情况下都以体现自然基调为首选，但由于风格上的差异，色彩搭配并非千篇一律。色彩的魔力就在于能通过不同的组合形式，变幻出让不同人产生共鸣的心动空间。

带回本真的 极简风	闲适淡雅的 日式风	轻松自在的 乡村风	恍若隔世的 森林风
配色特点	配色特点	配色特点	配色特点
适合人群	适合人群	适合人群	适合人群
不想浪费太多心思打理阳台且更愿意享受简单生活的人	追求平和，想要有个能够安静的独处之地的人	喜欢自己种植果蔬，愿意花费比较多的时间打理阳台，享受劳动成果的人	厌倦城市钢筋水泥，想要回归自然生活的人
家具特点	家具特点		家具特点
线条简练的现代感家具	木质家具、榻榻米	家具特点	藤制、布艺家具
装饰特点	装饰特点	单张座椅、坐凳	装饰特点
金属类装饰	禅意装饰	装饰特点	自然风装饰
植物特点	植物特点	杂货摆件	植物特点
大型绿植	艺术感强的植物	植物特点	枝叶茂密的植物
		果蔬类植物	

3. 打造具有专属气息的阳台小角落

　　一个完整空间的呈现，往往离不开细节处的用心。就像做拼图游戏时，我们往往会从一个角落处入手拼贴，当这个角落逐渐成形之后，便有了可以继续下去的思路和信心。这与在阳台中打造一个具有专属气息的小角落有异曲同工之妙，能够奠定出空间颜值的基本风格。

/ **休闲角** /

　　装饰要点：摆放适宜的家具，用抱枕加强舒适感，陆续添置一些布艺，如小地毯、沙发盖巾等；再搭配上小灯串，或者点燃一组蜡烛，让静谧的气氛弥漫整个阳台；亦可摆放上香薰炉，滴上喜欢的精油，营造出专属空间的专属味道。

/ 园艺角 /

装饰要点：要具备利用墙面和家具来增加绿植层次的思维，同时还要善于参考园艺设计手法，学会将鹅卵石、小栅栏，或者家中废弃的家具及设备体现在阳台角落的设计中，让属于自己的阳台园艺角具有灵动气息。

/ 阅读角 /

　　装饰要点："书籍是人类的伙伴"，在光线充沛的阳台翻上几页书，无论身心还是思维都能得到提升。充分挖掘放置书籍的区域是营造阅读角的关键，墙面、家具旁都是可以考虑的位置；或者直接在座椅附近放置一个专门收纳书籍的小筐，既不占地，也省下了一笔装修费用。

/ 专题 /

打造杂货与植物相融合的"杂货风"阳台

让人欲罢不能的"杂货风",非常适合照搬到阳台的设计之中,不但能衬托出植物的魅力,还能让阳台的空间变得立体。杂货风不同于强调简约感的无印良品风,它不是某种单一元素或者风格,而是要考量如何让不同风格的物品能够共存。这种风格与生活息息相关,代表着一种美好的生活态度,而不仅仅是物品本身。

1. 那些适合营造"杂货风"的小物件

制作关键词

植物 × 旧物

/ 融入生活气息的小物件 /

设计思路1

常见的剪刀、线团等生活用品能让人体会到浓浓的生活气息。

设计思路2

扫帚、铁锹等花园工具不必收纳在完全看不见的地方,而是作为道具以增添生活感。

体现田园气息的杂货

设计思路 1

清爽的木板与木质家具组成的空间，带给人十足的自然感，同时，你还可以摆放以多肉为主角的小型绿植。

设计思路 2

藤条篮等天然材质的容器或花盆，与小巧的绿植可以共同打造出精致优雅的乡村情调，令阳台与自然融为一体。

亲手打造的涂鸦小物件

设计思路

把自己亲手制作的涂鸦小物件摆放在绿植之中，将过往熟悉的气息与用心制作的涂鸦杂货交织在一起，瞬间就能提升阳台的整体艺术气息。

陈旧、生锈的容器或装饰

设计思路

充满着新鲜生气的绿植，或栽种在生锈的小罐里，或摆放在陈旧的家具上，这样一新一旧的对比，在视觉上可以给人强烈的冲击。

2. 营造杂货风阳台的小技巧

**技巧1：
使用木箱
或架子制
造高低差**

▲将木箱重叠堆放，可以有效利用空间。同时将白色栅栏设置为背景，可以把绿植和杂货很好地融合为一体

▲可以用来收纳东西的木头架子是阳台的必备道具之一，有高低差地摆放植物可以确保其接受的日照更均匀

**技巧2：
隐藏规律堆叠，增加层次性**

▲通过来回叠加各个元素，让整个场景呈现出丰富的层次感

▲在植物后方放置各种装饰摆件，能增加纵向的视觉延伸

技巧 3：
物品的摆放可
以有多个方向

▲将装饰错开方向摆放，让这个角
落成为衬托植物的可爱舞台

▲不用把所有的东西都整整齐齐地
摆放，可以朝向不同的角度，营造
一种动态感

技巧 4：
保留"瑕疵"，
制造自然感

▲用旧的物品，特别适合制造这种
漫不经心感。但是要避免过多使
用，以免给人造成杂乱无章的印象

▲生锈的园艺工具仿佛有种破旧的
美感，与充满生机的植物相衬，反
而增加了些许趣味

技巧 5：
间或亮色点缀，
制造活跃氛围

▲花园整体上选择了颜色朴素的物
件。为了不让气氛寡淡，通过红色
的花朵给空间增加一点亮色

▲蓝色花器让白色的阳台多了一
点色彩的变化，使整体空间变得
活跃起来

Chapter 2

果蔬 or 花草，打造休闲阳台的主力军

想让家中的阳台撑起一片绿荫，
想让花香时刻环绕在阳台空间。

心血来潮买上几盆蔬果花草，
以为童话花园在家中就此实现。

然而现实往往让人很无奈。

想要实现梦想中的阳台花园和菜园，
享受自然的美妙馈赠，
了解一些花草果蔬的栽种常识与技巧很重要。

根据阳台朝向选择适合的果蔬花草

阳台的朝向不同，带来的环境感受也不相同。不管是西向的"日落黄昏"，还是东向的"旭日初露"，都有着各自独特的魅力，正因为如此，对于不同朝向阳台的布置与设计也存在着不同的要求与秘诀。

1. 上午光线好的东向阳台

可以看见太阳升起的东向阳台属于半日照环境，拥有一上午的日照，日光比较温和，下午只有非直射光线，夏季比冬季光照强烈。

（1）东向阳台适合短日照植物

东向阳台的半日照环境可以满足一般植物对直射光的需求，且能避免灼伤植物，适合种植短日照植物和稍耐阴的植物。另外，东向阳台的水分蒸发不如西向阳台大，适合栽植怕失水、叶较细的盆栽。

日照指数：★★

日照时间：上午 3 ~ 4 小时

光线类型：直射光

（2）东向阳台应防止植物发生冻害

东向阳台对于喜温畏寒的花卉，需要搬入室内过冬或者加盖防护罩保暖以防冻害；对于耐寒性较好的花卉，也应在严寒天气时套上塑料膜或塑料袋保暖。

适合东向阳台种植的植物

含笑花

含笑花的香味清香浓烈，绽放时整个家里都能闻到香气。

香草

香草的香味可以驱除害虫，与其他植物一起种植能防治其他植物的虫害。

尤加利

种植尤加利有个好处，那就是活着的时候是棵树，死了也能是干花，非常适合懒人。

橡皮树

刚长出来的时候是红色的芽状，绿叶中带着一点儿红，两到三周后慢慢舒展开来，十分有趣。

水晶掌

对阳光比较敏感，放在半阴处，叶面碧绿透明，宛如晶莹翡翠，十分可爱。

熊童子

叶片前端红色的凸起，状似小熊熊掌，圆润肥厚的外形十分可爱。

2. 光线充足的南向阳台

南向阳台是所有阳台中朝向最完美的，对于喜爱植物的人来说它具有较多的优势。南向阳台光线充足，全天有阳光，且四季都不受日照时间的影响，通风条件也好，十分有利于植物的开花结果。

（1）南向阳台适合栽植阳光花草

南向阳台在附近无高大建筑物遮蔽的情况下，相当于拥有全日照的栽种条件，适合栽种耐晒、对光照要求强的全日照阳性植物。

（2）南向阳台栽培植物应勤浇水

充足的光照是南向阳台的特点，但在实际栽种植物时，应当注意水分是否蒸发较快，并且随着季节调整浇水的次数。夏季酷暑时期，可能须对植物进行适当的遮阴处理。

日照指数：★★★

日照时间：一整天

光线类型：直射光

适合南向阳台种植的植物

辣椒

辣椒能够通过水和风自行授粉，所以摆在通风的窗边更容易开花结果。

古紫

叶子呈深紫色，日照越多，叶色越浓。

细叶榕

小小的叶子，叶片肉厚而有光泽，色彩漂亮浓郁，特别适合新手种植。

酒瓶兰

酒瓶般隆起的树干，从枝干上部垂下若干根细长的叶子，酒瓶兰的外观很有特色，这种十分招人喜欢。

粉雪

肉嘟嘟的叶子遇上冷空气便会变白，如同覆盖了一层薄薄的细雪。

钻石月季

虽然娇小，却不失月季的芳香馥郁，种在阳台上能让人感受满园竞放的生机感。

3. 下午光照充足的西向阳台

西向阳台属于半日照的环境，主要日照集中在下午，且是强烈的日照，往往将阳台晒得很热，容易使阳台的温度飙升，夏季更为明显。另外，西向阳台的绿化应适当配置观叶、观花、观果和藤本植物，以获得较好的观赏效果。为使阳台四季有景，还应配置不同季节的观赏植物。

（1）西向阳台适合耐热的植物

西向阳台的下午会出现西晒的问题，植物生长容易受限，故而在选择植物时，应挑选多肉类、仙人掌类或木本类等耐热、耐旱、喜阳的植物类型。

（2）西向阳台应帮助植物适当降温

西向阳台的植物盆栽水分蒸发较快，建议使用较大型的花盆和保水性较好的盆土来保湿。夏季，整个阳台的温度颇高，必须帮助植物降温，顺利越夏。另外，西向阳台夏季西晒严重，可以采用平行、垂直的绿化方式，使植物形成绿色帘幕，遮挡烈日直射，起到隔热降温的作用，使阳台形成清凉舒适的小环境。

日照指数：★★

日照时间：下午 3~4 小时

光线类型：直射光

适合西向阳台种植的植物

长生草·月光

遇寒叶子会变得鲜红，非常漂亮，遇暖则又恢复原色。

绣球花

绣球花花形丰满，大而美丽，其花色多样，令人悦目怡神。

尼古拉鹤望兰

由于体形较大，一般都放在拐角处，不挡路的同时还有向上延伸的感觉。

仙人掌

仙人掌常常是不被重视的绝佳美貌好植物，也往往是懒人必备的省心植物。

地瓜

地瓜不直接照射阳光也能生长，但在阳光充足的地方会长得更好。

大葱

大葱对光照要求很低，西向的阳台也可以栽种。

4. 没有直射光线的北向阳台

北向阳台的光照条件是四个朝向的阳台中最差的，全天几乎没有直射光照。仅靠散射光线对于多数植物来说显然不足，因此这样的日照环境对植物而言极具挑战性。

（1）北向阳台适合耐阴植物

北向阳台的日照条件差，栽植以需光量少、喜潮湿阴凉的耐阴植物为主。常见的开花植物缺少光照较难生长，北向阳台栽种观叶植物以及苦苣苔科的观花植物较为适合。

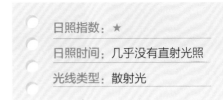

日照指数：★

日照时间：几乎没有直射光照

光线类型：散射光

（2）北向阳台的植物遇到恶劣天气应及时转移

北向阳台的风势较强，必须注意盆栽是否会快速失水，应根据气候调整浇水的次数。当遇到寒流时也容易出现失温的现象，应及时将植物转移至室内。

适合北向阳台种植的植物

丽娜莲

淡紫色的叶子像一个巨大的花朵，长出花茎后会开出小巧如铃兰的花，叶子也会变成浓郁的粉紫色。

豆芽

把绿豆或黑豆放在通风阴凉的阳台上，只需要经常浇水就能长出好吃的豆芽。

达摩福娘

达摩福娘有种特殊香味，特别是浇水时可以散发得更加浓郁，因此很多人也叫它香味达摩福娘。

洋葱

将洋葱放进水里栽培，长出的嫩芽既能装饰也可以食用。

虎皮兰

虽然很便宜，但是也很容易搭配出高级感。少浇水，不怕冷，即使没有阳光也能存活很久，非常省心。

琴叶榕

它是一种格调高雅的家居植物，翻开一些北欧家居杂志，都会有它的身影。琴叶榕的养护需按时浇水，多晒太阳。

/ 专题 /

试试让植物"合租"

为了缓解经济压力，最大限度地利用空间，城市流行起合租。而在种植植物时，受限于空间的窄小，又想拥有多数量感的花园，只有一个办法——混栽和组盆。植物的混栽和组盆就是将不同的植物组合在一个盆器里共同生长，以此打造出整体存在感极强的效果，相比单独一盆一盆地摆放不同种类的植物，在一个盆器里展现多种植物，这对于面积较小的阳台而言，是极具创意的栽种模式。

1. 植物混栽

植物的混栽有两种类型，一种是以高、中、低三个层次分层栽种；另一种是放任其繁茂生长，成为半圆形的外观。

（1）进行分层

最简单的理解方式就是像坐台阶一样安排植物，个头最高的植物放在最后面，个头较矮的放在最前面。但需要注意的是切勿把植物种植在一条直线上，稍微调整角度种植显得更自然。

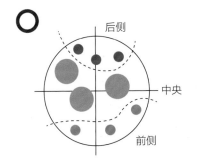
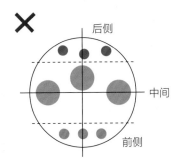

（2）繁茂生长

按照繁茂生长的类型进行混栽，最重要的是要找到中心点，将植物配置于正三角形顶点或对角线上，形成半圆形。

正三角形的配置范例

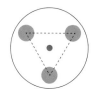

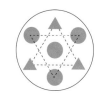

▲蓝紫色三色堇与深绿色、嫩绿色的彩叶植物相搭配，便可进一步展现深度

对角线上的配置范例

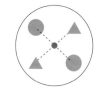

▲以彩叶植物作为主角，种植在黑色盆器中，可营造出自然的氛围。红色与霜白色的搭配可使人联想到秋季红叶

▲聚集色调沉稳的植物，搭配色调较深的褐色盆器来营造气氛。此搭配中应避免选择色彩过于明亮的植物，仅以大叶面的植物平衡紧密的感觉

▲运用紫色、玫红色、黄色、银色来展现节日般的气氛，同时在前侧种上串钱藤，来协调盆器的层次感

2. 多肉组盆

组盆方式常用于多肉植物，它们体积比较小，单独一盆盆地摆放会显得杂乱又抓不到重点，但如果将习性相同的多肉植物组合在一个大花盆里，既好看又节约空间。另外，多肉组盆其实没有过多的原则和要求，但对于新手而言，最简单的方法便是将科属相同的组合在一起，换言之将习性相同，对于需水量、光照度或温度要求相似或相近的多肉植物栽种在一个盆内，比较容易养护。

▲ 运用不同色彩的多肉组合出活泼、亮眼的效果

▲ 环形的花器已经非常抢眼了，再密植上相同色系与花形的多肉植物，给人低调的美感

多肉组盆关键

物以类聚

▲ 把较大的多肉放在上面，比较小的多肉放到下面，由上到下形成阶梯状的层次感，即使放在非常小的容器里，也具有不错的观赏效果

▲ 白沙砾、枯木与多肉的组合，也能带来富有韵味的中式感觉

▲ 将体形比较大的多肉作为主花先拼入花盆，然后再用小碎花逐渐填入空隙，层次感会比较强烈！

与花草做游戏，用绿化技巧让阳台变成大花园

在阳台种植花草是一件十分有趣的事情，仿佛是与花花草草玩一场游戏，是让花草开在地面，还是"凌空而起"，出其不意？都是游戏中可以设计的关卡，通关之后，就能收获一个绿意满满的秘密花园。

1. 基础版：摆盆式与花坛式绿化

摆盆式绿化： 比较灵活、简易，也是普遍采用的阳台绿化方法。只要将各种盆栽花卉按大小高低顺序摆放在阳台的地面或放在阳台护栏上即可。

▶ 在阳台一角将植物进行前低后高的摆放，形成错落感

▲ 用天然石材砌筑而成的小花坛，搭配绿植花卉，形成宛若天成的阳台景观

  花坛式绿化：即采用固定的种植槽栽种花花草草。种植槽可以是单层的，也可以是立体的。一般是在阳台的地面、水泥台上或在边缘的铁架上，做些大小适宜的条形木槽、水泥槽等，中间放土栽花。需要注意的是，种植槽要有一定的深度。

干货
分享

种植槽的安放形式

  种植槽分落地式和悬挂式两种。悬挂种植槽的固定架可用小型角钢或厚扁钢等制作。落地摆放的种植槽适用于镂空式长廊阳台，可让花草枝条从镂空处悬垂下去，形成一道绿色的风景线。

2. 进阶版：花架式与壁挂式绿化

花架式绿化：即利用立体化的多层或阶梯式花架放置花花草草，陈列盆花或盆景。花架式绿化最大的优点是能够较大限度地节省阳台空间，利用花架或其他可分层搁置种植容器的家具或物品，将盆栽植物分层摆放，纵向进行阳台植物布置。

◀大大小小的红陶花盆利用木制花架进行收纳，既不显凌乱，还具有了视觉上的变化

干货
分享

花架式绿化要考虑整体性

进行花架式绿化应注意植物的摆放要考虑整体效果，搭配形式应根据不同植物的特点、树形、生长习性等整体进行考虑，营造出整齐又不单调的阳台植物景观。

花架选择应适应阳台形态

花架应与阳台空间的大小相适应，宽窄、高低能够满足使用功能。如果花架太大、太高，会侵占阳台活动空间，让人产生逼仄感，增加养护难度，且遮挡视线，影响阳台植物的通风、采光；如果花架过小、过矮，则影响植物数量、大小、种类，且不利于植物生长，达不到景观效果。

▲在简单的铁艺栅格上悬挂花盆，栽植上小型盆花，既浪漫又美好

▲根据阳台一侧墙面的大小设置相宜的木格栅，悬挂上形态各异的绿植，打造出绿意盎然的阳台景观

壁挂式绿化：即将盆栽植物悬挂于固定在墙面上的格栅或成品挂件上，这种布置方式适用于空间较小的阳台，与台架式绿化相比，它能节省占地面积，留出更多活动空间，同时也能够丰富阳台空间。壁挂式绿化在植物造景方面适合观花和观叶植物，如吊兰、绿萝、矮牵牛、四季秋海棠、太阳花等。

3. 高阶版：悬垂式与藤棚式绿化

悬垂式绿化：指利用吊盆花草进行阳台空间的装饰，比较适合小面积阳台，给阳台平添立体感。种植的花草一般都是枝叶自然下垂、蔓生或枝叶茂密的观花、观叶种类，如吊兰、常春藤、佛珠等。采用悬垂式绿化时，要注意各个吊盆外观上的构图和色彩搭配，可采用多个吊盆高低错落的布置方式，也可用2~3个吊盆串起上下连在一起，增加空间的美感。

藤棚式绿化：是阳台立体花园的重要形式，能使蔓生花草的枝叶牵引至架上，形成遮阴栅栏或遮阴篱笆，从而形成独特的立面景观。另外，悬挂在空中的盆栽也不会影响中下层阳台的使用。种植的植物最好为枝叶能够下垂的类型，使其枝叶从空中展开，如金银花、茑萝、牵牛花、葡萄、紫藤、常春藤等。

▲将植物悬垂在顶面，与长线灯交织在一起，营造出文艺范儿十足的装饰效果

▲利用藤棚式植栽紫藤花，悬垂的花枝随风轻摇，带来的阵阵芳香沁人心脾

4. 大神版：组合式绿化

　　组合式绿化：将花式、壁挂式以及其他布置方式合理搭配，综合使用，形成较好的景观效果。组合式绿化可以让多种布置方式的绿植相互衬托与互补，将各种种植方式有机地搭配起来，形成绚丽缤纷的阳台景观。

▲利用花架式和壁挂式的植栽方式来打造阳台绿意角，手法虽简单，装饰效果却不俗

不负好时光！用花草种出阳台好景色

阳台种植花草不在于多，而在于美。满目的花花草草可以陶冶情操，使人的心情更加轻松；而带有小心思的花草种植方式，则能够还原室内的无限美景。在此与阳光相伴，与花草相偎，窗外车马喧，窗内心已远，时光正好，不负韶华。

1. 花草造景艺术，为阳台增景添色

在阳台种上花花草草，创造深邃的意境，打造四时不同之景，这不失为生活中一桩美事。一盆盆吊篮如球，一个个挂盆如钟，阳台上花草绿植错落有致，枝条、叶茎、花朵与窗外、窗内的景色融为一体，呈现出的是绿意盎然的美好景象，小小的阳台就这样生动起来。

（1）花草做主角，营造阳台绿意角

无论是造型优美的盆景，还是叶形独特、花色艳丽的草木，只要合理布局在阳台视线的交汇处，就可以成为人们关注的焦点。这种利用花草突出观赏效果，并作为阳台局部构图的主景手法，可以营造出一处阳台绿意角。

▶利用形态各异的绿植营造出阳台的主要景观

（2）用花草打造"中式园林"

合理利用花草布局，还能令阳台景观形成中式园林中对景、障景的效果。例如，在居室通向阳台的衔接处对植同一树种、同一规格的树木，也可以在一边摆放一株较大的绿植，另一边摆放两株较小的绿植，成自然式的对植。这样的布置一方面能够起到引导人们视线的作用，另一方面也能起到一定的隔景作用。

▲在长椅两侧摆放花瓷缸，并在其上放置小型绿植，形成对景的效果

（3）花草可以让阳台更富层次感

一般情况下，阳台空间往往比较狭长，为了增加空间层次和景深，可以利用花草在空间上进行适当的分隔。例如，用专用花盆将盆花或花篮悬吊在阳台的上端，让花草的枝条自然地下垂生长；或将花草用花盆种植，直接搁置在阳台栏板上或地上，或做成梯式花架。这样的布置方式，可利用花草与花草之间，或者花草本身枝叶的间隙形成夹景、漏景。如果是高层住宅，透过悬吊在阳台顶面的花草枝条，远眺窗外，还可以达到框景和添景的效果。

▲利用落地式和悬吊式绿化，使阳台角落形成漏景效果，若隐若现、含蓄雅致

◀几何构造的分隔栏在视力所及的范围内，将露台上的景色组织在视线之中，形成很好的借景效果

◀在水池旁植栽多样化的小型绿植，为亲水空间注入更多生机，可谓移步换景

（4）用花草做"背景"，衬托阳台景观小品

如果阳台上设计了假山、水景等景观小品，还可以选择一些植株较小的花草，或者水生花草，布置在假山及水景周围，如此，能够更好地衬托出景观小品的艺术效果。

阳台花草株高的选择

普通楼层的阳台层高一般为 2.7~3m，复式楼层则为 5~6m，考虑到花草生长所需的光照、通风等自然条件，层高对花草的株高将会有所限制。普通阳台的花草株高应控制在 2.7m 以下，复式楼层花草的株高则可适当放宽，但考虑到阳台建筑本身的面积、承重等因素，种植土层不能太厚，宜选择浅根系、多须根、非直根系的草本植物及灌木，如平安树、橡皮树、发财树、鹅掌柴以及各种草本花卉等。

2. 用花草给阳台的栏杆和墙面"美颜"

有些家庭的阳台栏杆不够美观，但又不想大费周章地进行拆除，不妨运用本身就很美的阳台花草进行装点，既掩藏了缺陷，又让花草有了攀缘或放置的地点，一举两得。而让花草"上墙"，则能够让原本平淡的阳台立面空间变得有声有色。

（1）用花草装点阳台墙面的方法

在墙面上装饰花草是将平地上的花园转移到了墙面，这样将花园装饰在墙面的形式能够为阳台节省出不少空间，而且具有很强的装饰性。另外，墙面花草的装饰形式非常多样化，针对不同形状的花盆会有相应的墙面花架。最常见的是在墙面固定木板，这样的形式适合所有的花盆；也有的花盆本身自带挂钩能够悬挂在墙面上；还有攀缘性的植物，它们可以自己在墙面上攀缘生长。

设计
小窍门

用一些小巧又有颜值的挂钩可以将花器、工具装饰在墙面的格网上，起到固定和美化效果。

栏杆上的挂钩，需依照栏杆的粗细进行选择

这种挂钩要用螺丝固定在物体上，比较牢固

一般家里常用的 S 形挂钩就很实用，款式也好看

▲爬山虎装点的墙面鲜翠欲滴，将露台空间营造得生机盎然

▼墙面木板结合小型绿植的方式，最具自然感，温馨感也十足

▲原本毫无装饰感的阳台栏杆，用悬垂式绿植妆点后，立刻营造出一个活色生香的休闲角落

（2）用花草装点阳台栏杆的方法

　　阳台栏杆从上到下都能够装饰植物，栏杆脚下可以放置盆栽，栏杆上可以悬挂小花架，一些攀缘性植物可以顺着栏杆攀爬，蔓性植物下垂的枝叶也可以遮挡住栏杆的形态。另外，在栏杆上装饰植物，要考虑植物本身的形态与栏杆的搭配效果，具有明显反差的色彩能够使阳台环境更加立体，也能够衬托出植物本身的特点。

▲在阳台栏杆上利用盆架植栽花草绿植，并与地面上的盆栽形成协调的装饰效果

/ 扩展阅读 /

　　阳台的环境有限，为了能够欣赏到更多的植物，要利用好不同植物的高度及宽度特点，将不同植物合理地展示在阳台中。另外，植物的整体布置一般会分三个梯度进行，梯度过多，则使阳台显得拥挤。栽植时应将较高的植物种植在阳台外侧，或利用植物的攀爬性使其攀附在墙面上。

1. 可以强调纵深的植物

迷迭香：散发着清爽香气的叶子和常绿的状态，给人带来活力感

斑叶芒草：带有花斑的叶子看起来轻盈可爱，随性的叶条很有自然的气氛

高大肾蕨：宽大的页面和散状的造型，在视觉上显得茂盛浓密

铁丝网灌木：看起来像是枯死的植物，弯曲的树枝、深绿色的叶子和硬刺是其特征

紫花野芝麻：直立的花枝带有简洁干练的美感，淡紫色的花朵又有着装饰的效果

2. 横向伸展的植物

花叶蒲苇：垂下的枝条有柔和的美感，很容易就在空间中铺展开来。

黑麦冬：发黑亮的叶子有着与众不同的植物色彩，横向生长的特点十分适合狭窄的阳台。

干叶兰：小小的圆盘镶在下垂的枝条上，形成天然的帘幕，能够自然地填满空间。

/ 专题 /

为亲水人群打造阳台装饰小景

亲水人群往往会有一个打造循环生态水景的梦想。水景是花园景致的灵魂，在阳台上开辟一小块水池，可以隐藏在花草中，也可以是单独的一处叠水景观，在其中放置怪石充当假山，再利用形象的卡通人物或者精致的小桥进行点缀，这样的一处小水景装饰，既烘托了环境的意境，又增加了阳台的趣味性。

1.阳台水景的呈现步骤

虽然在面积较小的阳台上设计的水景无法与室外公园、庭院的景观效果相提并论，但如果合理地运用水池、假山和植物，一样能营造出"小中见大，一目了然"的水景效果。

（1）水景材料的选择

阳台水景中的假山材料以石材为主，主要包括湖石（即太湖石）、黄石、青石、石笋、木化石、松皮石、石珊瑚等材料；水池的材料一般以砖、卵石、自然面石材为主，用水泥砂浆砌筑而成。另外，材料的选择要体现设计意图，体量上不能过大也不能过小，比例应与阳台空间相协调。

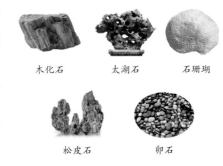

木化石　　太湖石　　石珊瑚

松皮石　　卵石

（2）阳台水池的砌筑

水池的砌筑是在阳台的地面上进行的，以做蓄水之用，因此基层的防水处理很重要，在砌筑之前必须对阳台地面进行防水处理。砌筑用的水泥砂浆应加抗渗剂，水池内部的接缝处应涂刷防水涂料，以免造成渗漏，给楼下住户的生活带来不便。另外，水池的底部可以用卵石或自然面的石材铺贴，墙体用红砖或者大块的卵石砌筑，这样砌筑出来的水池在视觉上凹凸不平，自然朴素，增添了乐趣。

水池附近防水的高度最好高于30cm，厚度最好刷到1.5mm

水池可以砌在排水口附近，利于后期水池的排水

水池勾缝抹白的材料也要确保具有防水性

（3）阳台假山的制作

打造阳台假山要认真构思其结构、立意以及素材的搭配，假山除了堆筑的技巧外，艺术性也很重要。堆山时，石材不可过杂，纹路不可过乱，块料不可过于均匀，接缝不宜过多；结构上应有层次变化，脉络一致；构图上应主客分明，相互呼应；意境上做到山水相依，自然成趣，寄情于山，情景交融。另外，阳台景观所需的假山体量不能太大，如果过大势必影响阳台植物的种植、家具的摆放，还会侵占阳台活动空间。

（4）阳台水循环系统

山水是自然景观的主要组成元素，假山、水池的结合能构成有自然情趣的景观环境。水循环系统的安装对于营造美妙的水景至关重要。水池内、假山上的喷水池、小瀑布的回水方式采用的是自循环系统，即采用一个水泵，将注入池内的水抽送至瀑布的源头或喷头处，形成叠水景观，水再回落到水池内，这样周而复始循环往复。

在阳台上打造自然水景也需要水循环

吃杂质的"小虾米"
过滤器

水中植物
增氧器

机器版雨水
循环水泵

好看不乱的植物布置技巧

将阳台打造成绿意盎然的花园，不可避免地要放置多种多样的花草绿植，但若摆放时毫无章法，不仅带不来美观的效果，还会令阳台显得杂乱不堪。不妨学习一些好看不乱的植物布置技巧，为塑造"美貌"阳台提前充电。

技巧 1：
沿着墙壁摆放，
布局轻松又方便

如果阳台格局不太方正，或者有很多角落，为了不影响平常行走活动，花盆摆放可以沿着墙壁排列，这样视觉上会有更整齐、统一的效果。但要注意花盆数量不宜过多，体积不宜过小，否则会有凌乱感。

▲沿着墙壁摆放花盆，不会阻碍正常的通行，同时能制造出花园般的自然感

▲阳台角落放置立体花箱，可以植栽多样化的花草果蔬，增加阳台的绿化面积

技巧 2：
狭小空间避免小花盆并列排放

在狭小的阳台放置植物时，不要把几个小花盆并列排摆，可以用大一点儿的箱形花盆将不同植物集中放在一起，这样会比较醒目又不会显得松散。

▲利用一些"小道具"将角落里的绿植打造出高低错落感，丰富视觉上的层次性

如果只是把花盆排列在一起，又不想用大的花箱统一，就会给阳台带来凌乱而平淡无奇的感觉。但如果能够制造高低差，阳台景观就有了立体感，空间也会随之活跃起来。如果有不透光的阳台围栏挡住阳光，那么制造让植物可以沐浴日光的高低差更是必不可少。

设计小窍门

能够打造高低差的"神器"

花架：市场上的园艺用木质架台大多经过防水处理，大家可以根据自家阳台的空间选择不同尺寸、高矮的花架摆放。

搁板、吊绳：制造高低差最简单的方法就是把植物"挂起来"，这样立刻就能有高低差，使空间变得立体起来。

矮凳：小巧灵活的矮凳，不仅可以供人休息使用，也能够将花卉盆栽摆在上面，制造高低差。

花台：铁制的架台不论在室内还是室外都很适合，植物放在上面会很显眼，整体的装饰效果也非常突出。

技巧 4：
以角落为单位打造
吸睛空间

方形的阳台空间里，角落可以说是整个布置的重点。因此在选择植物时可以以一种主体植物为视觉中心，再从主体植物四周由高而低布置，或由前而后布置，利用高低不同的枕木或者木块来增加角落放置植物的空间，同时也有装饰感。

技巧 5：
利用小物件填充零散空间

摆放植物时即使摆得再紧凑，也会有零零星星的空隙，看上去总会有稀疏的感觉；又或者底面盆器已经排满，可由于植物生长状态的不同，上部空间相比下部空间显得松散，造成头轻脚重的观感。这个时候可以选择一些小的装饰物件来填满这些空隙，即使只是一个小摆件，也能发挥意想不到的装饰效果。

▲阳台绿意角的装饰非常灵活，绿植和装饰之间的搭配疏密有致

技巧 6：
主角以外的角色尽量简单

阳台花园或菜园虽然空间有限，但在这里植物才是主角。所以，植物以外的角色，例如家具、装饰等最好不要过于花哨，应尽量简单。这种简单不光指造型上的简洁感，配色上也要尽量以沉稳的色彩为主。

▲在绿植花草之间运用小鸟装饰进行装点，令花架的装饰性更高，且更加生动

▲桌椅的色彩与阳台植物以及盆器的色彩接近，突出花园特征

▲简单的一张躺椅，没有其他过多家具，阳台花园的观感就很强烈

技巧 7:
植物氛围要与
阳台风格吻合

植物与人一样，都自带不同的气场，特别是开花的植物。有的浓烈热情；有的清新淡雅；有的朴素优雅；有的个性随意；有的充满了女性温柔的气息；有的又硬朗得如男性一样。根据阳台的风格选择相同气场的植物，才能让阳台变得更加美观。

▲生机盎然的鲜花与桃粉色家具相搭配，营造出优雅可爱的女性化阳台氛围

▲阳台的氛围自然而充满活力，因此选择体型较大的绿植盆栽最能展现清爽舒畅的感觉

▲横平竖直的阳台家具带来严谨而又认真的气氛，而直立少叶，色彩淡雅的植物也拥有着相同的气场

/ 扩展阅读 /

　　阳台的清洁工作相对其他空间而言更加重要，不论是封闭式的阳台还是开放式的阳台，放上花草植物之后，日常的浇水、修剪等都会产生垃圾，如果不及时处理植物落叶或浇水后产生的水渍，落叶容易腐烂招致蚊蝇，水渍则会让地面看起来更脏，所以阳台的清洁也是至关重要的。

1. 提前做好排水措施

　　如果在阳台上提前设计了排水口，那么阳台的清洁就会变得非常轻松。我们可以直接用水冲洗地面，但要注意的是，排水口的位置要略低于四周高度，这样才能顺利地将水排出去。

2. 将植物盆器抬高

　　花盆在地上放的时间久了就会产生黑色的污垢，不仅难看还很难清理干净，最有效的办法就是把植物盆器都抬高，可以利用花架或家具，使植物盆器与地面保持一定距离，这样就不需要将花盆一一抬起再打扫地面，非常方便轻松。

3. 利用植物或栅栏抵御风沙

　　北方的风沙比较大，有时候白天开一天窗户，晚上回到家，家具都会有一层薄灰，纱窗两三天就积满了灰尘，对于最靠近外部的阳台而言，更是灰尘的重灾区。为了减少灰尘的侵扰，可以利用栅栏或高大的植物作为阻挡，一定程度上可以减少室内灰尘，这样也就不用天天去打扫阳台。

4. 将易落叶的植物放在容易清理的地方

　　摆放植物时，尽量将不容易枯黄落叶的植物放在角落里，将容易落叶或较常开花的植物放在显眼又容易打理的地方，这样掉下来的花叶就不会掉落在不好打扫的犄角里。

帮手确认！花草植栽容器大集合

　　阳台花草种植离不开栽植容器，最常见的无疑是各种材质及形态的花盆，有时小小的花盆不仅可以植栽花草，其本身也是一件很好的装饰品。而要想植栽大量花草，则可以选择花箱，为阳台打造一处移动小花园。

1. 花盆：最常见的栽植容器

　　对于植物而言，花盆便是它们的家，也是阳台打造必不可少的帮手。所以花盆容器的选择非常重要，除了要考虑花盆本身的设计以外，还要考虑到花草蔬果种植的条件。

干货分享

关于花盆的口径

　　花盆尺寸常以口径区分，以"号"为单位表示口径大小。1号为口径3cm以下的花盆，5号则是口径为15cm左右的花盆。日常生活中，经常用到的是2~13号的花盆。

（1）花盆的种类

普通盆

口径和深度相等。一般用普通盆种植植物就可以满足需求

标准盆

深度和口径几乎相等，任何植物都可以使用

深盆

深度大于口径，适用于根系较长的植物

平盆

深度是口径的一半，适合横向生长且根系较浅的植物

高脚盆

比普通盆或者平盆多了个底座，较有立体感，可与普通盆搭配使用，装饰效果比较突出

矮盆

盆的深度大约是口径的 1/3~1/2。它能装的土比较少，适合喜欢干燥环境的植物以及多肉植物之类的小型品种

方盆

四边形的花盆，一般横长为 65cm。树脂质的类型比较轻巧结实，适合家庭使用

吊盆

为了充分利用垂直空间而制作的盆器，可挂在墙上的，很适合种植藤本植物和下垂生长的植物

（2）花盆的材质

花盆的材质不同，其透气性、透水性和耐久性都会不一样，最好根据植物的生长状态来选择。另外，买盆的时候要确认盆底有没有排水孔，初次进行植栽时，推荐使用盆底有孔的容器。

素陶盆

透气性、透水性较好，较易培育植物

塑料盆

轻巧结实，透气性稍差，几乎可种植所有植物

低温盆

比素陶盆质地硬，透气性和透水性都不太好，较易损坏

白铁盆

用久了会出现锈迹和污渍，适合复古格调

树脂盆	苔盆	木箱	陶器
比塑料盆结实且不容易坏，装饰感比较好	仿佛外部长满青苔的素陶盆，透气性很好	排水性较好，但浸水会变重，耐久性较差	重且易碎，多用于在室内种植兰花类及观叶植物

（3）花盆的风格

现在市面上的花盆风格多样，在设计和材质上都有非常多的类型，为了配合不同风格的阳台布置，主人可以自由选择自己喜欢的样式。

乡村风花盆	传统风花盆	创意花盆	简约风花盆
斑驳的痕迹，带着严肃而稳重的气息，给人浓郁的乡间纯朴感。	带有传统感的材质与造型的花盆，温润优雅，装饰效果内敛含蓄	拥有各种奇怪形状的花盆，绝对是阳台上最独特的装饰	素净无花纹的花盆，仅以材质与形状表现特有的简约感，十分适合现代风阳台

2. 花箱：阳台上的"移动花园"

花箱也是阳台花园必不可少的栽植容器，它的特点是使用简单，便于搬运，制作材料多种多样，并且美观大方，易于组合摆放，有着"移动花园"之称。因为阳台种植的植物以小型乔灌木、花卉植物为主，用于观叶、观花、观形，所以在花箱的选择上应尽量以小巧、别致为原则，与所种植物相得益彰。而材料选择上则可以多多考虑轻便，易于挪动和摆放的花箱。

▲阳台角落的花箱为阳台带来立体式绿化效果，新意十足

防腐木花箱

塑料花箱

实木花箱

防腐木花箱：由普通木材经过人工添加化学防腐剂后制作而成，具有防腐蚀、防潮、防真菌、防虫蚁、防霉变以及防火等优点，非常适合室内种植植物之用。同时，其制作简单、轻便，易于摆放，样式多样。

塑料花箱：主要用回收的塑料加上木粉、秸秆等其他辅助材料加工而成，优点是加工方便、质轻、结实耐用，且不易腐烂、无虫蛀，已成为主要的木材替代品。

实木花箱：优点是质感好、档次高，但具有质量较重，油漆脱落后易腐烂、发霉的缺点。

DIY 手册 1：
从废品到花盆的华丽变身

　　想要阳台摆设富有创意，摒弃造型中规中矩的花盆，又不想花大价钱购买特殊造型的花盆，只要善于利用身边不起眼的旧物，动动手，就能将其变成好看的花盆。比如吃完东西后的空罐子，原本恐怕只会被当作垃圾处理掉，但如果贴上漂亮的贴纸，用铁链连接，就能变成带有怀旧感的吊篮花盆。还有很多看似毫无用处的旧物，也可以华丽地变身，成为好看、有趣的花盆。

1. 空罐子的时尚变身

　　用完的食品罐子总是不舍得扔掉，总觉得以后可以拿来装点东西，可是一直都派不上用场，还不如做成好看的花盆，既不用觉得扔掉可惜，又能为装饰居室派上用场，一举两得。

舍不得扔掉又派不上用场的罐子们

奶粉罐子　　　　　茶叶罐子　　　　　水果罐头瓶子　　　　饮料罐子

（1）保持原有样子就很好看的空罐子

如果是透明的玻璃罐子或是本身图案就很有个性的罐子，那么不做任何外形上的改变也能变得很好看。

（2）涂刷上色就有不同感觉的空罐子

刷上喜欢的色彩，空罐子摇身一变就成了一件艺术品。即使对于没有绘画天分的改造者而言，花盆 DIY 也是如此简单。

（3）来点小装饰展现独特魅力的空罐子

如果上色并不能满足改造者的热情，那么试试用小装饰物对空罐子进行改造吧。只要你发挥创造力，即使是一个简单的小标签，或是一个精美的贴纸，就能将空罐子变成好看的花盆。

▲自制标签＋麻绳，空罐子立马变身好看的花盆

▲用彩色棉线织出可爱的花盆外套，有趣又好看

设计
小窍门

在把罐子改造成花盆时，记得多戳几个洞。这样做是为了能让植物更好地生长。此外，还可以提高土壤的排水效果和透气性，避免浇水过多或呼吸受阻，造成植物根系发霉腐烂。

▲穿上几根铁丝，空罐子立刻变成悬挂式的花盆

2. 鞋子的变身

　　鞋子穿坏了只能扔掉？不，干脆试试把它们做成花盆，不管是皮靴还是高跟靴，都可以是植物们的家，只要简单地 DIY 一下，充满童趣又独特的阳台花盆就诞生了。

舍不得扔掉又不再穿的鞋子们

皮靴

高跟鞋　　　　　帆布鞋

雨靴

After

3. 餐具的意外变身

　　餐具之中，并不是只有好看的茶杯才能作为花盆，只要能与自己家的阳台风格搭配默契，任何餐具都能成为你家阳台的一分子。

一直没机会使用的闲置餐具

茶杯　　　　　碗具　　　　　双耳锅　　　　　汤勺

4. 想不到的花盆变身

　　阳台的打造不同于装饰其他空间，为了能与植物随性的自然状态契合，花盆的样式也并不拘泥于传统的样式，我们可以有更多的创意想法，只要能与阳台的整体氛围相适应，那么不管是怎样出乎意料的变身，最后都会呈现出独特而又美观的装饰效果。

牛仔裤

鸟笼

红酒软塞

红酒瓶

灯泡

DIY 手册 2：
让花草摆放更有趣的花架

根据阳台情况自己动手制作花架，给喜爱的花草们量身打造一个舒适的"家"，让闲趣与舒适共存于阳台之上。

1. 家具的惊喜变身

过时的椅子、破损的柜子，失去了原本的使用价值，扔掉又有点可惜，不妨试试把它们变成植物们的新"家"，让阳台焕发新颜。

Before

舍不得扔的家具

桌子　　　　椅子　　　　茶几　　　　柜子

After

（1）既能收纳又能当花架的桌子

在阳台放上一张桌子，可以是简洁样式的，也可以是充满复古怀旧感的，然后摆上数盆喜爱的盆栽植物和茶具，既能近距离地享受自然绿意，又能品茶放松心情。

（2）造型别致的椅子花架

家里多余的椅子没有地方收纳，那就放在阳台上做成花台，不仅充分利用了废旧物品，还打造出独一无二的休闲阳台。

（3）收纳功能强大的柜子花架

　　摆上一个柜子，将所有的植物和工具都放在里面，不仅解决了阳台面积太小收纳困难的问题，从整体上看也十分整洁美观。

2.跟着做，你也可以成为手工达人

动手能力强的朋友，不妨试着自己制作花架，只要准备好若干木料以及配件，完成一个纯手工制作的花架并非难事。

制作1：

准备材料

❶ 背面挡板
❷ 底板（方木 680mm×17mm、680mm×25mm、680mm×37mm） 3块
❸ 横杆（方木 680mm×50mm ） 3根
❹ 斜支撑杆（方木 1070mm×50mm ） 2根
❺ 竖支撑杆（方木 1000mm×50mm ） 2根
❻ 螺丝、螺帽 若干

/ **制 作 步 骤** /

❶ 材料❺与材料❸如图拼接

❸ A杆底部是斜的，B杆底部是平的，连接处用带螺帽的螺丝固定

❷ 安装需要用到黑色螺丝，用十字螺丝刀拧紧

❹ B杆上的螺丝孔朝外

❺ 安装横板，拧紧螺丝

制作 2：

 所需材料

❶ 竖支撑杆

　方木 1500mm（高）×10mm（长）×10mm（宽）　　4 根

❷ 底部面板

　杉木板 800mm（长）×300mm（宽）×5mm（高）　　4 块

❸ 横杆

　方木 280mm（长）×5mm（宽）×10mm（高）　　6 根

/ **制作步骤** /

❶ 将面板与竖支撑杆，以及短横杆，用螺丝加以固定

❷ 组装成型的花架，用干布擦拭

❸ 用刷子涂清漆时不用太仔细，保留刷痕反而会有自然复古的味道

Chapter 3

百变阳台，小空间也能发挥大作用

除了栽种果蔬花草，
阳台小天地还有魔法变身的本领。

只要"脑洞"够大，
这里可以成为"喵星人"的安乐窝，
也可以是家中宝宝玩耍的宝地，
或者建一间小书房，
让工作与阳光、花香为伴……

搬来几件旧家具，
挑选若干精美的小物件，
按照自己的想法，
让阳台成为一处别有洞天的好风景。

阳台洗衣间：
让烦琐的家务时光变轻松

　　洗衣机在卫生间，晾衣服却要跑到阳台，每次洗完衣服还要先用大盆装好，再穿过整个客厅才能到达阳台进行晾晒；拖把、水桶放在卫生间，扫帚、吸尘器却在阳台，清洁屋子只是拿个打扫用具就要两个空间来回切换……这样的场景想想都觉得疲惫不堪。而如果将阳台打造成洗衣间，将洗衣、晾衣和收纳清洁工具在一个空间内解决掉，家务时间即刻缩短一半。

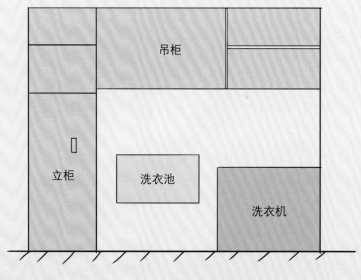

▲ 阳台洗衣间的经典布局

/ 设计要点 /

1. 水电改造

把阳台变成洗衣间，一定要注意做好水电改造。水电改造在整个家庭装修中都是重中之重，阳台洗衣间也不例外，如若这一环节出现问题，会给往后的居住时光带来重重隐患。在进行水电改造时，一定要预留好冷热水管、洗衣机水龙头、洗衣机电源等安装的位置。

要点1：做好防水

阳台洗衣间若只给洗衣机的区域做防水，丝毫没有意义。溢水时，水不会只留在做了防水的区域，而是会流得到处都是。除了将整个阳台地面做好防水，墙面防水也不容忽视。一般来说，墙面防水涂刷高度不能低于30cm，放洗衣机的地方则要更高一些，开放式阳台则建议做到顶。防水层厚度也有要求，以不低于1.5mm为宜。

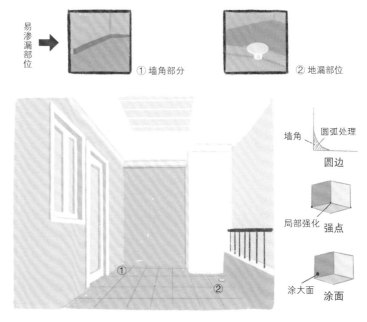

▲ 防水涂料的涂刷方式

要点 2：
了解洗衣机
的排水方式

洗衣机的排水大体上分为上排水和下排水。一般滚筒式洗衣机采用上排水式，而下排水型洗衣机的工作则是利用"水往低处流"的原理，这种洗衣机的噪声比较小。

① 排水高度应设置于 80~100cm 处，避免造成边进水边排水
② 和地漏之间摆放的位置远近均可

▲ 上排水型洗衣机

① 排水高度（距洗衣机安放面）应低于 10cm，避免造成排水不畅
② 洗衣机的摆放位置要靠近地漏，避免造成下水不畅
③ 排水管处最好做一个拱形的支撑，利于排水

▲ 下排水型洗衣机

接洗衣槽或其他排水管

可连接洗衣机排水管

▲ 洗衣机专用地漏

另外，洗衣机的排水管一定不要直接插进下水管或者地漏，因为若周围的密封性不好，容易出现返水情况，还会造成气味上返。正确的做法为用洗衣机专用地漏来排水，同时还可以连接小水槽的排水和烘干机的排水，从而起到很好的密封作用。

**要点3：
预留水龙头和插
座的安装位置**

如果阳台洗衣间同时兼具其他家务功能，如存放拖把、抹
布等清洁用具，则最好多预留一个水龙头，或者装一个拖把
池，使家务时光更顺手。安排插座也是同样的道理，需要多做
预留，不仅应考虑洗衣机的插座安装位置，同时应兼顾到电动
晾衣架、装饰灯具的插座安装。

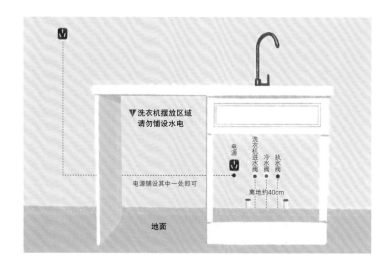

阳台插座安装要点

在阳台上安装插座，不能装在地上，也不能距离地面太近，否则会有漏电的危险，同时要注意给插
座装上防护罩。

根据洗衣机位置确定排水管和插座的安装

洗衣机位置确定后，可以考虑将排水管做到墙里面，电源插座不要装在洗衣机正后方，装在水槽下
面最科学。

2. 尺寸规划

由于阳台的面积有限，想要充分利用空间完成洗涤、晾晒、收纳等一系列行为，需要提前规划好相关物体的安放尺寸。

（1）洗衣机、烘干机安放尺寸

① 滚筒洗衣机和烘干机的安放标准尺寸是 60cm（长）×60cm（宽）×85cm（高），但需要考虑预留安装空隙和叠放连接架的位置

② 滚筒洗衣机和烘干机叠放时，左右预留 70cm，上下预留 180cm

③ 滚筒洗衣机和烘干机并排时，左右预留 135cm，上下预留 90cm

备注：若为上开盖洗衣机，则要预留更多的高度空间

洗衣机、烘干机

位置	深度
洗烘区	60cm

◎ 洗衣机 + 水槽的组合

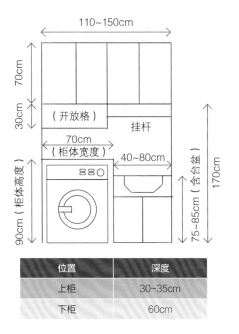

位置	深度
上柜	30~35cm
下柜	60cm

◎ 洗衣机 + 烘干机的组合

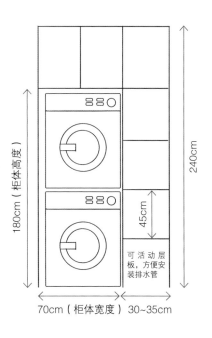

位置	深度
左柜	60cm
右柜	40~60cm

◎ 双机叠放 + 水槽的组合

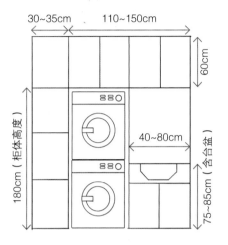

位置	深度
右上柜	30~35cm
右下柜	60cm
左 柜	60cm

◎ 双机并排 + 水槽的组合

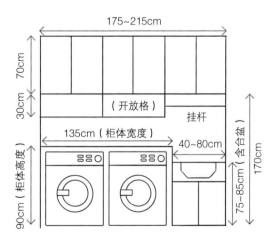

位置	深度
上柜	30~35cm
下柜	60cm

（2）洗衣柜尺寸

一个完整的洗衣柜包括地柜、水槽、吊柜，洗衣柜不仅是对洗衣机的保护，还可以让衣架、洗衣液、肥皂等清洁用品有归宿。洗衣柜的高度一般需要在1.2m以上，阳台吊柜的高度为50~60cm，深度一般为30~45cm。如果需要把拖把等较长的物体也存放在这里，则可以设计一个侧边柜。

位置	深度
开放格	40cm
清扫工具	40~60cm
收纳物品	40~60cm
水　槽	60cm

① 清洁剂收纳：柜体宽度为30~35cm，深度为40~60cm

② 清扫工具收纳：利用洞洞板或挂钩进行垂直收纳，下图为高180cm的空间，可以放长柄的清扫工具

③ 其他物品收纳：下边高60cm，便于收纳常用的20寸（34cm×50cm×20cm）行李箱。中间高120cm，适合挂大衣或外套，上边高60cm，用来收纳被子、床单等

④ 小水槽：高度为75~85cm，宽度大于40cm

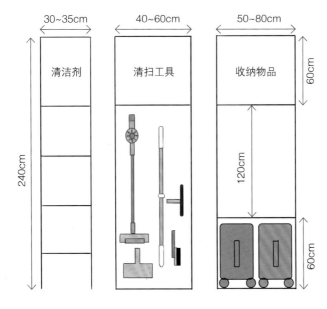

3. 延伸设计

　　阳台洗衣间具备清洗、收纳、晾晒等功能，在设计时可以考虑做一些延展。例如，规划出拖把池的位置，并选择新型晾衣架，让阳台时刻保持整洁，告别凌乱。

（1）规划拖把池

　　将拖把池放在阳台，集拖地、洗拖把、晾晒等于一体，便捷性较强。同时，阳台可以接触到阳光，紫外线具有杀菌效果，非常适合摆放易藏污纳垢的拖把。在阳台上可以把拖把池规划到洗衣机旁，与洗衣机共用一个地漏即可；若没有洗衣机，则可以放在有地漏的一侧拐角处。另外，如果阳台没有上下水口，则不建议规划拖把池。

▶在洗衣机旁规划一个拖把池，为阳台洗衣房注入更多功能性

（2）选择新型晾衣架

有些家庭由于阳台面积有限，无法规划烘干机的位置，洗完的衣物依然需要进行晾晒。为了保证阳台的整洁度，晾衣架的选择大有学问。比较受欢迎的是电动晾衣架，它不仅可以悬挂衣服进行晾晒，还具有照明、热风干燥、消毒等功能。如果预算有限，也可以选择一些灵活性较高，又有颜值的晾衣架，不使用时将其收起，完全不会影响阳台的美观呈现。

挂壁式折叠晾衣架

推荐指数：★ ★

价格：300~800 元

可伸缩晾衣绳

推荐指数：★ ★ ★ ★

价格：100~200 元

隐藏式晾衣架

推荐指数：★ ★ ★

价格：20~50 元

可移动折叠晾衣架

推荐指数：★ ★ ★ ★

价格：150~300 元

/ 创意设计 /

▲ 水槽和洗衣机做成高低台，手洗衣服会很轻松

▲ 阳台洗衣间采用百叶帘，能有效降低强烈光照对洗衣机寿命的影响

▶ 在墙壁上安装小型烘干机，解决阴雨天气衣物不易晾干的问题

▲砖砌洗衣台相对于木制洗衣台而言，防晒性能更高，同时美观度也大幅提升

▲ 在阳台洗衣间中多规划一些收纳空间，可以为清洁用具提供安身之所

▲阳台洗衣间以清爽的蓝白色为主色，再加入绿植点缀，充满生机，降低燥热

阳台餐厨：
沐浴在阳光下享受美味带来的愉悦

　　将阳台规划为餐厨空间，利用明亮的大窗户作为阳台餐厨照明，充分享受日光和微风的温柔抚慰。在这样光照充足和通风良好的条件下，可以自由地加工和享受美食，感受不一样的家居自在生活。

/ 设计要点 /

1.阳台厨房应注意墙面承载问题

　　由于阳台窗户位置的墙壁承重能力较差，因此阳台厨房的抽油烟机应安装在侧面的实体墙面上，承重力不够时应安装支架，壁橱等家具也应安装在实体墙面上。而窗户位置的光线较好，可以设计为料理台区域。

▲造型简洁的油烟机与整体环境的融入感极强，合理的动线设计则令烹饪更加便捷

▲ 阳台厨房与其他空间之间设置玻璃推拉门，不会影响室内采光

▲ 设计较大型的收纳柜，可以收纳较多的餐饮用具，也令小空间显得更加整洁

▲ 在设计简洁的墙面搁板上放置一些简单餐具，方便使用

2. 阳台厨房应提前规避油烟问题

无论将厨房规划到哪个位置，中式厨房都无法忽视油烟问题。在改造之初，需要保证阳台与其他空间的推拉门具有密闭性，以保证阳台中的油烟味不会飘散到房间中的其他区域。若为西式厨房，则可以忽略这一问题。

3. 阳台餐厅要利用墙面制作收纳柜

将阳台打造成餐厅，除了摆放餐桌椅之外，也要有能够收纳餐具的地方，可以充分利用空间设计一个小型操作台，方便准备简单的餐食。但由于阳台面积有限，且须考虑承重问题，相比普通的收纳柜而言，利用墙面定做收纳柜，能够节约出更多的空间，在保证足够强大的收纳能力的前提之下，还能使阳台餐厅看起来整洁又宽敞。

/ 创意设计 /

**案例一：
让植物陪你一起进餐**

　　植物对于阳台餐厅来讲，是营造自然舒适氛围的重要物品。可以在阳台的角落或其他有棱角的地方摆放植物，也可以在墙面或顶面装饰藤蔓类植物。在这样柔和舒缓的氛围之下，即使是最简单的饭菜，也可能变得美味无比。

矮钵和大花马齿苋： 自然风的石材花纹花器很适合造型随性自然的大花马齿苋，低矮的花器造型有一种纯朴的可爱感，让人心生愉悦。

白色陶器和薄荷： 青翠碧绿的薄荷叶与造型简单的陶瓷容器，属于冷色系的组合，与整个阳台空间氛围搭配起来非常协调。

宽口暗纹玻璃花器和菊花： 翡翠绿宽口玻璃花器，细细的暗纹带有古典而低调的韵味，与小巧可爱的橙瓣褐心菊花形成清爽的组合。

做旧原木以增添自然感：顶面的设计非常有意思，蓝白相间的做旧原木吊顶为空间增添了地中海的自然气息，有种被海水侵蚀的复古情调。

麻线水管成为装饰物：阳台上裸露的水管非常煞风景，不妨采用麻线将水管缠住，原本难看的水管反而成为阳台上绝佳的装饰品。

大型绿植带来生机：在阳台的角落摆放大型的绿萝，搭配造型感十足的花架，不仅为空间带来了无限生机，也提升了空间的装饰效果。

案例二：
放不下就大方地摆出来

原始户型属于小户型，在设计时将客厅与厨房的位置进行了互换，保证客厅采光的同时，也得到了一个充满阳光照射的一体化餐厨。为了使空间显得宽敞明亮，家中没有设计过多的大型收纳柜，而是利用搁板、隔断墙等不会带来压抑感的地方来摆放家中的装饰小物以及厨房用具。这样的方式，不仅不显杂乱，反而增加了室内的温馨感。

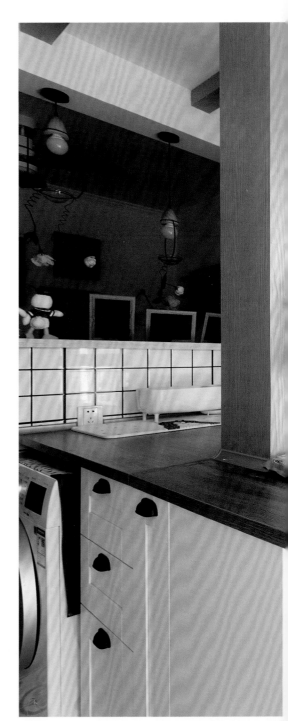

节省空间又带有强大收纳功能的搁板： 利用搁板将使用频率较高的锅、碗和调料等摆放在一起，方便使用。为避免杂乱，可以选择使用统一的容器盛装不同的调料，或选择相同色系的器具盛放，如此，在整洁的同时还富有生活气息。

在阳台餐厨中也可以摆下洗衣机： 由于阳台厨房的操作台面不是实心的橱柜设计，因此留有一处空余的小角落，这样把洗衣机也纳入阳台厨房里，如此，便解决了阳台改造后洗衣机没有地方安置的尴尬难题。

一物多用的木板： 在墙上安装一块木板，不仅可以是家人帮忙准备食材的备餐台，闲暇时也可以是主妇或孩子独自进餐用的小餐台。这样的设计不会给人拥挤的感觉，与收纳柜组合在一起，带来了一种平衡感。

免打孔挂杆安装方便超实用： 一些实体墙面打孔比较困难，因此免打孔的收纳挂杆可谓方便又好用，简简单单的形式就能收纳一些日常用餐时高频率使用的器具。

阳台卧室：

小户型家庭也能轻松多拥有一间卧室

对于小户型家庭来说，每一寸空间都可谓寸土寸金。阳台所拥有的几平方米空间看似不大，加以改造后，却可以成为一间舒适的小卧室。在这样的小卧室中，无论看书，还是小憩，或者作为一个真正的儿童房，都是堪称绝妙的设计。

/ 设计要点 /

1. 保温与隔音是重中之重

把阳台改造成卧室，设计的关键是要做好保温与降噪。如果阳台本身为封闭式，那么只要做好保温层即可，若是半开放式阳台，则须对阳台进行封装。封阳台一般分为两种做法：一种是采用全门窗框架式，阳台栏杆可有可无；另一种则是利用门窗框架和阳台栏板的结合。封好的阳台，既可以抗风、挡雨、隔尘，还能够隔音、隔热，减少外部的干扰，提升室内的保温能力。另外，封阳台建议安装有框气密窗，最好是经过抗压性、气密性和水密性检验的产品，这样在睡觉时就不用担心透风、漏雨了。

干货
分享

阳台保温层的设计方式

采用 1~2 层石膏板为最佳。保温层分为内保温和外保温两种形式，一般外保温指的是外墙自带的保温层，而内保温则可以在阳台墙面内侧进行。内保温层需要在挤塑板的外立面做轻钢龙骨，贴 1~2 层石膏板，做完防锈、防裂的处理之后，还要涂刷防水的涂料。

▲在原有阳台栏杆的外侧进行玻璃封装，令床与玻璃之间有一定的缓冲地带，这样处理更加安全，装饰效果也更强

封阳台的流程

确定封窗单位

现场测量尺寸

安装窗框

打胶

装玻璃

装压条

打胶

装纱窗及防盗网

2. 严防渗漏，窗户边缝都要打上胶

　　无论阳台本身是常规的窗户，还是落地窗，在改造成卧室时，都必须要考虑防雨、防水的问题。一定要在安装完外窗框之后，检查好窗户的边缝处是否都打上了胶，若不小心留有细缝，很可能会造成漏水，导致阳台卧室变成阳台水室。

▲ 落地窗一定要做好封装工作，如此才能拥有一个令人安心的休息空间

▲ 阳台窗户做好缝隙处理，并用钢化玻璃与客厅之间进行分隔，塑造出一处安全又安静的空间

▲阳台的空间较小，选用尺寸适合、款式简洁的睡床，可以使空间得到充分利用

3. 考虑承重问题，合理选择睡床的款式与尺寸

将阳台改造成卧室，承重问题同样不可忽视。一般来说，凸出的外阳台由于承重能力有限，不建议进行改造；和建筑齐平的内阳台比较适合改造成小卧室。在选择睡床时，尽量以小巧、简洁的造型为佳，应避免采用厚重的实木床，床头板也应尽可能简化，甚至可用抱枕替代。另外，要提前测量阳台尺寸，购买尺寸适合的睡床，或者直接定制。

/ 创意设计 /

▲带有收纳功能的睡床，完美解决了阳台空间小，摆放不下物品的难题

▲ 将阳台下半部分墙面用庄稼秸秆进行装饰，充满自然感

▲白色纱幔为阳台小卧室营造出浪漫的氛围，同时睡床的大小可以根据阳台大小调整

▲ 利用墙壁制作收纳柜，用来存放一些寝具，使空间较小的阳台得到了充分利用

▲ 将原本与儿童房相连的阳台设计为小卧室，利用造型门营造出一个童话世界，而原本的儿童房空间则可以打造成儿童娱乐室

▲ 在阳台上打造一个简单的地台，就能轻松得到一个小卧室

阳台工作间：
不会被打扰的独享领域

阳台是一个相对封闭的小空间，很适合营造出工作时需要的静谧氛围。同时，阳台还具备工作、学习需要的足够光线，在这里摆放上一桌一椅，就可以轻松打造出一个安静的工作空间。这里良好的光线以及开阔的视野会带来较好的工作体验。

/ 设计要点 /

1. 既要防晒防热，也要保温保暖

阳台工作间的改造最重要的是做好防晒防热、保温保暖措施。工作间的玻璃最好选择双层中空的类型，再用优质的胶条进行密封，从而起到良好的隔音、保温作用。而墙面则可以用优质的保温棉包起来，做好内保温，或者在阳台装上暖气，这样即使在冬天办公也不会被寒风侵袭。

▼做好阳台工作间窗户的密封工作，能够有效保证空间的温度以及舒适度

干货
分享

阳台朝向会对工作间产生影响

朝南向的阳台由于日照光比较强烈，不太适合改造成工作间，如果别无选择，则一定要提前做好防晒措施，减少光线的直射。相对而言，东西向的阳台更适合改造成工作间。

2. 选择合适的窗帘

阳台的光线在夏季和正午时会十分强烈，因此作为工作间的阳台，一定要搭配适合的窗帘。其中，纱帘能够使光线变得柔和，厚重的布帘则能够阻挡大部分光线，增加阳台书房的私密性。另外，过于强烈的阳光会使人看不清电脑屏幕，而且可能还会伤害到眼睛。建议定做双层窗帘，一层布艺、一层纱帘，纱帘白天可以过滤强烈的日光以免刺伤眼睛；晚上拉上布艺窗帘则可以隔断外界的嘈杂和夜风。另外，百叶帘和卷帘也十分适合阳台工作间。

▲ 简洁又方便拉合的升降帘十分适合阳台工作间

▼ 轻盈、缥纱的纱帘可以有效遮光，又为空间注入了一份温馨

3. 家具尺寸应结合空间大小来选择

　　由于阳台的面积有限，所以桌子的尺寸和形状只能配合阳台的空间和形状。在阳台工作间中，最好的布置形式是将桌子摆放在窄的一端墙角，以节省空间。阳台工作间的椅子，除了要坐着舒适以外，尺寸最好不要太大，避免影响正常通过。另外，阳台虽小，但也要有收纳书籍和杂物的空间，相比沉重的书柜、书架，单元格和搁板更为适宜，不仅最大限度地利用了墙面空间，还能给阳台工作间一个清爽、整洁的视觉效果。

▲贴合阳台尺寸的整体书桌柜融入感极强，集实用性与舒适性为一体

▲定制的一体化书桌不会占用过多空间，还能拥有不错的视觉感，再摆上线条圆润、坐感舒适的座椅，阳台气氛立刻变得柔和起来

干货分享

阳台工作间的防晒处理方法

　　阳台家具的材质应尽量防晒、轻便，为了避免阳光暴晒而影响家具的使用寿命，阳台工作间一定要做好防晒工作，可以在阳台上安装双层窗帘以遮挡强光。

4. 阳台书房应调整好书桌 与窗户的角度

阳台书房的书桌摆放位置也大有学问，总的原则是：人在伏案工作时视线要与自然光线相对或者垂直。所以阳台书房的书桌摆放方向与阳台朝向应相同或者与阳台朝向相垂直，保证人在工作时不会被自己的身体阻挡光线。

▲ 与自然光线相对的书桌摆放形式，令人在工作时享有更加明亮的光线

5. 与邻近空间的风格保持一致

无论将客厅阳台，还是卧室阳台改造为工作间，都要与主空间的风格保持一致。例如，尽量与主空间的色调相同或相似，地面材质与主空间形成呼应，这样一眼望去，才会在视觉上有放大空间的效果。另外，阳台工作间的家具风格也应与主空间相协调，避免给人带来突兀的感觉。

▲ 对于开放式的阳台工作间而言，其地面材质与客厅应保持一致，且空间色彩也应来源于客厅，如此，方能体现整体协调感

/ 创意设计 /

▲ 一体式的书桌，最大化地利用了空间，减少了空间的浪费，整体视觉观感也比较平衡

▲ 天然材质的卷帘与地面形成呼应，整体空间自然感极强

▶ 大面积的绿色体现在墙面与绿植之中，再结合温润的木制桌椅，令人仿佛置身于自然原野

▲利用搁板作为书籍的摆放
场所，既便捷又实用

▲ 墙面装饰线条极其利落，
带来理性的氛围，圆润的座
椅则为空间增添了柔和感

▲把书架做在墙上，不用书柜也能收纳书籍，而依墙设计的书桌则充分
利用了角落空间

阳台亲子空间：
开启愉悦、自在的童年世界

阳台的光线充足，是室内与室外环境的过渡之处，将其设计为亲子空间，在环境上比其他家庭区域更有优势。若阳台的空间较大，可以打造一处儿童的玩乐天地，铺上一块舒适的地毯，摆上几件儿童家具，就是一方温馨的儿童天地；若阳台面积不大，则可以依据孩子的喜好，设计为一处满足他们兴趣和爱好的独立空间，如看书、画画、做手工等活动的自在之所。

/ 设计要点 /

1. 安全性不容忽视

将阳台改造成亲子空间，安全性不容忽视。如果居住的楼层较高，一定要注意窗户和栏杆的高度以及用材的安全。另外，阳台的地面及其边角也要做好防护措施，以防孩子因磕碰而受伤。

▶ 弧形栏杆保证了安全性，小巧的圆角家具则降低了小朋友磕伤的风险

2. 针对不同年龄的儿童，可以区分设计

　　年龄偏小的婴幼儿，非常喜欢用爬行来探索未知世界。因此地面材质应以温暖、舒适为主。例如，选用柔软温润、舒适安全的松木地板，就算不小心摔倒也不会很痛。若是觉得瓷砖或木地板显得有些沉闷，对于孩子而言缺乏活力，不妨试试铺设人工草皮或海绵垫，既有温暖柔和的触感，又方便打扫清洁，软软的地面，孩子光脚踩起来也很舒服。

▲ 在木地板上铺上草皮地毯，再搭上小帐篷，让孩子在家也能露营

　　对于年龄略大的孩子，可以试着与孩子一起动手制作装饰品，如用卡纸制作吊灯装饰在阳台上，或是剪出各种形状的图案贴在门上或墙上，让孩子能够体验到自己动手布置的乐趣，令小小的阳台成为孩子独一无二的专属空间。

▲ 地面铺上色彩鲜艳的字母软拼图，增加童趣；黑板的设置则满足了孩子涂涂画画的需求

▲ 让孩子参与到家的改造之中，一起感受家庭的温暖与力量　　▲ 帮孩子把自己制作的收纳小桶展示出来，既是一种装饰，也是一份鼓励

/ 创意设计 /

▲ 露台的面积较大，摆上儿童家具和玩具，就是一处绝妙的儿童乐园

◀ 将阳台作为家中孩童的独立空间，集学习、娱乐为一体

▲ 摆上一张画板，就成了一处满足孩子画画爱好的小天地

▲ 将玩具摆在阳台墙上，好玩又不占地，在这里孩子能独自玩上大半天

▶ 放张书桌，把阳台当成学习室也很棒。当小伙伴来做客时，也可以在此一起玩耍

阳台会客室：
谈天说地别有一番乐趣

对于面积较大的阳台来说，将其改造成一处独立的会客室也是不错的选择。只需摆上家具、茶几、绿植等，一个会客室就呈现出来，在这里和客人喝茶、聊天，会感觉轻松又自在。若是客厅面积不大，但与阳台相连，则可以将两个空间合并，巧妙借用阳台增加客厅面积，提供更多的会客空间。

▲ 带有小飘窗的客厅，面积有限，可以将其打造成一个简单的飘窗台，作为会客的座位

▲ 对于独立的大阳台，可以将其设计成具有强烈风格特征的会客厅，彰显主人的品位

/ 设计要点 /

1. 保证摆放下足够的会客家具

　　将阳台设计成会客空间，一定要保证拥有足够多的会客家具，其中，最主要的为座椅。面积足够大的阳台，可以依据个人喜好或家居风格来选择座椅的款式；若阳台面积有限，则可以定制一排矮柜或加高的地台，既节约空间面积，又能提供大量的会客座位。

▶ 狭长形的阳台，摆放座椅的数量有限，定制的一排矮柜有效解决了这一问题

▲ 飘窗软垫的色彩与客厅沙发同色，再用柔和的粉色抱枕做跳色，增添活泼感

2. 飘窗用作会客空间，要与客厅风格相协调

　　带有飘窗的阳台，可以将其纳入客厅之中，作为会客之所。在设计时需要考虑与客厅的整体性相协调，例如保证软装或墙面等大面积色彩与客厅相同，或为同类型配色。材质上也应符合整体风格的基调。

/ 创意设计 /

▲ 利用小飘窗设计
一处小茶室，摆上
两个蒲团，一方茶
几，就变身为会客
的好场所

◀ 利用不同材质和色彩的
家具碰撞出一个充满个性
的会客空间，在此谈天说
地，畅快自如

▶ 依据阳台的走向，砌出一方台面，铺上软垫，摆上抱枕，简简单单的布置就为亲朋好友间情感的交流提供了一个好场所

▶ 摆上沙发、藤椅、座墩，还原出一处和客厅类似的会客间，舒服而惬意

阳台怡情空间：
为平淡的生活添点色彩

日常生活难免琐碎而平淡，因此需要在家中留有一隅空间，用以在闲暇时光感受生活、放松心情。不妨将家中的小阳台打造成一处怡情的小角落，在此与闺蜜一起喝喝下午茶，或是和心爱的人品酒谈心，都是为平淡生活增添乐趣的好方法。

▲ 大容量的存酒柜轻松塑造出一个阳台酒吧空间

▲ 摆放上一个圆桌、两把座椅，就能轻松营造出一个喝下午茶的空间，空暇时间在此看看书也是不错的选择

/ 设计要点 /

1. 阳台下午茶空间可充分运用女性元素

　　下午茶给人的感觉是轻松、愉快的，代表了一种悠闲自在、轻松愉快的生活态度，是忙碌生活中得以短暂放松的时光。将阳台塑造成下午茶空间，最简单的方法是运用女性化的色彩，同时避免使用太沉重或浓郁的颜色，要尽量体现出优雅、明快之感。在装饰小物件的选择上，带有蕾丝花边的布艺、装饰瓷器、圈状装饰物以及带有碎花元素的物品和丝带等均适用，它们可以将优雅的女性特征别出心裁地融入阳台布置之中。

▲ 粉色花卉图案的桌布为下午茶空间增添了几分柔美气息

▲ 清新色彩的布艺与绿植融合度非常高，为阳台下午茶空间增添了几分清爽感

2. 利用改造神器打造阳台小酒吧

神器1：栏杆板

如果家中的阳台为半开放式，那么栏杆板绝对是酒吧台最好的选择。栏杆板的形式有很多，主人可以自由选择，但前提是阳台必须要有围栏。

神器2：一体式家具

打造一个墙面柜与桌子相结合的一体式家具既可以节省阳台空间，又不乏实用功能。搭配两把吧台椅，主人就能轻松拥有一间阳台小酒吧。

神器 3：墙柜

　　可翻折的墙柜完全可以充当酒吧台的角色，同时它还可以用来存放一些餐具酒品，既有实用功能，又带有极强的装饰性。

/ 创意设计 /

▲下午茶时光可以很随意，用一个蒲团充当茶桌，就能让人品味悠然时光

▲大型绿植与鸟笼灯的设计搭配，营造出一处仿佛身处丛林中的下午茶空间

▲大量木色环绕的空间极具情调，在此与闺蜜享受悠闲的时光，可谓人生乐事

▲铁艺座椅的造型感极强，流畅的线条为下午茶时光带来灵动之感

▲弧形吧台很有酒吧的氛围，大容量的酒柜设计满足了爱酒人士的需求

▲简单的隔板也可以是普通的装饰柜，再把好看的杯子当作装饰品展示出来，创意满满

▲迷你冰箱是夏天的必备，也是阳台酒吧储藏酒品的好帮手

▲在酒柜之中融入黑板的设计形式，令阳台酒吧更有气氛

阳台个人兴趣空间：
为爱好留一方净土

　　若是拥有绘画、健身、做手工等爱好，不妨在家中开辟出一块区域，形成一处特有的个人兴趣空间。对于家居空间有限的家庭而言，让阳台承担起这个"重任"最好不过，小小的一隅天地却足以放置下画板、乐器、健身器材等物品，让主人在家也能够提升自身的修养，发展自身的爱好。

▲ 阳台琴房

▲ 阳台画室

▲ 阳台健身房

/ 设计要点 /

1. 把健身房开在阳台

　　在阳台上摆放一些健身器材，如跑步机、动感单车、哑铃等，简单的几个器械就能为主人带来锻炼身体的好心情。将阳台改造成为小型健身房，在家就可以随时运动，既不受恶劣天气的影响，又能拥有清爽的空气与自然的景观。

▲ 在绿意盎然的空间中健身，心情也随之轻松起来

设计小窍门

　　在狭小的阳台中，也可以摆放下常用的运动器械，最简单的方式就是学会充分利用墙面空间。

2. 幽静的环境使阳台也适合用作画室

　　阳台环境比较安静，且光线好，用来当成画室也是不错的选择。只需在阳台上留出空地摆上画架，便能够满足主人作画的需求。阳台外的景致丰富，在此临摹也能收获独特的灵感源泉。

▲ 在阳台一角摆放画架，再放上几盆绿植，简直就是一处景色宜人的小画室

▲ 将绘画颜料置入墙面收纳架之中，展开画板，就能享受绘画时光

3.阳台充当练习乐器的场所

将空间较大的阳台铺装整齐，就能使这处独立的空间有舞台的效果，可以充当练习演奏乐器的区域。在阳台上练习乐器，窗外美景尽收眼中，充足的光线洒在乐器上，唯美优雅。通过帘子或者推拉门与其他空间隔开，练习的场地也有了私密的效果。

▲ 将架子鼓放置在阳台上练习时，需要做好隔音措施，在满足自身爱好的同时，也应尽量避免打扰他人

阳台多功能室：
最大限度地挖掘出空间的利用率

在有限的空间中，寻找为空间扩容及提高利用率的可能性，就不能忽视对阳台的利用。有些家庭的阳台较大，若加以合理利用，在一方小天地中就能实现多种功能；而就小面积的阳台而言，只要动动脑筋，找到破解的法门，打造多功能阳台也绝非天方夜谭。

/ 设计要点 /

1. 合理规划阳台空间

在寸土寸金的室内空间中，想要实现更多的功能，就要对空间进行合理规划。这种理念同样适用于阳台，在对阳台进行多功能区域的分割时，首先要明确一个主要功能，将能够满足其功能需求的家具摆放在中心区域，或为其保留足够的放置区域。而一些附加功能则可以在角落中实现，切忌将每种功能占据的空间进行平分，否则会导致阳台没有主次，缺乏美感。

▶ 此阳台的主要功能为会客，因此用家具围合出一个会客区；再在一侧设置吧台，这样既能满足会客时的品酒需求，也能为阳台注入更多功能

2. 充分挖掘一物多用的可能性

若要在阳台中实现多重功能，可以花些心思挖掘一物多用的可能性。比较简单的方式是选择一些可以满足多种功能需求的家具。例如，将简单造型的折叠沙发放置于阳台，日常可以为会客用，有亲朋好友来家里过夜时，则可以拉开作为临时的睡床。或在主功能为工作间的阳台中，选择较长的书桌，这样日常工作之余，还可以和家中的孩童在此做手工。

▲ 阳台一侧的休闲区既可以作为会客区，又能够作为临时的客卧；而餐桌则既可以用餐时使用，也能够作为工作台使用

/ 创意设计 /

案例一：
让时光变得优雅的
多功能阳台

对于面积较大的阳台而言，只要规划好使用空间，就能带来多种用途。可以在中心区域摆放喝下午茶的桌椅，用精致的茶器与茶点，加上灵活可爱的休闲椅，就能让时光变得优雅起来。同样，角落空间也不容忽视，将一些小巧的个人用品或是休闲家具摆放在此，可以令阳台的功能更加丰富。

多功能体现 1：阳台小画室

把画架放在阳台上，将艺术感带入优雅闲适的空间中，油画与下午茶，绝对是极具格调的搭配。

多功能体现 2：小角落里的阳台花园

精致的鸟笼造型花架，为阳台节省了不少空间；厚重的色彩与复古的造型，则为空间带来优雅而又精致的味道。

多功能体现 3：休闲空间的再现

舒适的吊床是女人与孩子的最爱，放在阳台的角落，一个人窝在里面，沐浴着阳光，闻着咖啡香，在轻微的晃动中感受时光之慢。

案例二：
宽敞、透亮又充满
生机的多功能阳台

此案例中，超大型阳台与客厅之间即使没有以隔墙或家具来分隔，也并没有给人带来混乱的感觉，这主要归功于绿植。在阳台与客厅过渡的墙面和顶面爬满植物，形成"天然的隔墙"，让人一眼就能分清两个功能区。此外，这种超大型阳台堪比一间屋，可实现多种功能。

多功能体现 1：阳台工作室

在阳台的一侧摆放长书桌，规划出一个工作间。带有滑轮的座椅挪动便捷，也与空间体现出的工业风搭配相宜。

多功能体现 2：阳台琴室

钢琴太大又占地方，卧室放不下，客厅也找不到合适的角落放置，不妨将其置于阳台，在宽敞的空间中，主人可以在满眼绿意的陪伴下演奏。

多功能体现 3：阳台会客室

在钢琴旁随性摆放几张沙发椅，让主人可以在弹琴的间隙坐下来休息一下；也可以让家人或朋友舒舒服服地窝在里面，一边沐浴阳光，一边享受音乐。

案例三：
享受慢生活的多功能阳台

喜欢一个人小酌一杯，或是喜欢与友人、家人自在地聊天，不妨考虑将阳台打造成一个休闲茶室。日式榻榻米的设计，将每一寸角落都覆盖起来，形成了半开放式的私密小空间。在这里，主人可以泡上一壶茶，趁着阳光正好的时候拿一本喜欢的书细细阅读，茶香混着花香，还有草席被阳光照射散发出的藤草香，此情此景多么惬意！

多功能体现 1：
集收纳与休憩双功能为一体的榻榻米

将阳台设计为榻榻米，可以为家中多添一间房；带有储物功能的抽屉，则为一些日常小物提供了容身之所。

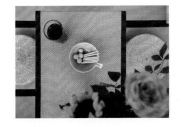

多功能体现 2：增加会客功能的升降桌

升降桌操作方便，有客人来时，可以
升起用作茶台，不用时收起，完全不占
地方。

◄ 在阳台角落里配备一张可折叠、方便移动的小桌子，也可以
替代升降桌，它既可以作为摆放杯子茶饮的小茶桌，也可以是摆
放花艺的装饰桌台。

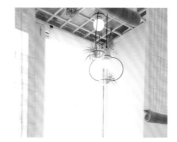 

多功能体现 3：阳台绿意空间

彩虹般绚丽的顶面色彩，被细细的木条分隔成一块块
的小方格，像极了包装精美的彩虹巧克力。从彩虹顶
面垂下的吊灯之中，还带有一株小小的铁兰花，给人
眼前一亮的感觉。

阳台宠物室：
与萌宠共度欢乐时光

可爱、软萌的"喵星人"和"汪星人"与人类密切接触，它们与我们一起吃住娱乐，俨然家中一员。在阳台为宠物安家，让它们拥有一个舒适的小窝，是对其表达爱意的优选方式之一。

/ 设计要点 /

1. 将阳台设置为宠物房需注意气味与卫生

阳台是家中通风、采光的好场所，在这里设置宠物房，就可以让宠物每天看到外面的风景，感受自然的气息。当阳光洒射进来，让宠物沐浴在阳光下，非常温暖。虽然阳台的通风效果较好，但依然要注意该区域的气味与卫生问题。主人可配置气味隔绝系统，或者在阳台与室内空间设置活动拉门，如此，既可以有效阻隔宠物的气味，又方便就近照顾宠物。

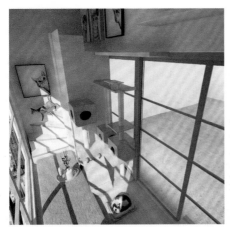 

▲ 通透的玻璃拉门可以有效分隔阳台宠物区和室内空间，且不会影响室内采光

2. 阳台宠物房的地面材质需防滑、易清洁

▲ 花纹地砖给原本简单的阳台宠物区带来活泼感，护栏设计则为宠物带来安全感

宠物掉毛无法避免，因此阳台宠物房的地面材质最好选用防滑、易清洁的地砖。值得注意的是，应避免使用缝隙较大的防腐木地板，也不建议铺设大面积地毯，一方面不易于毛发的清理，另一方面地毯容易寄生螨虫，若清理不及时，可能会对居住者和宠物的皮肤带来伤害。但为了使地面保持温暖感，可铺设小尺寸的地毯。

▶ 小面积铺设的地毯，增加了温馨感，也带来了视觉上的变化

3. 阳台家具的材质和款式要与宠物特性相配合

"喵星人"和"汪星人"尖利的爪子会使很多家具受到惨痛伤害，因此阳台宠物房一般选择不易被抓坏的木质家具，若能保证每周给它们剪两次指甲，也可以选择布艺家具、藤艺家具，但一定要避免选用皮质家具。另外，应尽量选择圆角、收边的家具，避免低矮、直角的家具。有条件的家庭，也可以专门在阳台上设置猫爬架，为家中的宠物创造更多的活动空间。

▲ 在阳台一侧放置猫爬架就能为猫咪营造一处娱乐场所

▲ 木制家具和藤编筐都是能与宠物"友好相处"的家居用品

4. 宠物房可结合空间自由化选择

若家中阳台的面积较大，可将宠物房与阳台其他的功能区域相结合；若阳台面积有限，则可以购买单独的宠物房或宠物窝，放置在适宜的区域。另外需要注意的是，对于养猫的家庭来说，阳台最好做封装处理，养狗的家庭则不一定非要封装阳台，但护栏一定要高一些，且要设置挡板。

▲ 体量小巧的各式宠物窝，是小阳台的好选择

▲ 一体式定制家具令空间的利用率提高，也给宠物带来一处独有的小窝

猫窝的选择

对于猫咪来说，小窝的颜色和款式不重要，重要的是要柔软、暖和、隐蔽，有顶篷的款式最好。

狗窝的选择

木制狗屋是比较好的选择，大小最好以 0.5~0.7m^2 为宜，但大型犬例外。另外，可折叠的帐篷式狗窝也是不错的选择。

/ 创意设计 /

▲阳台上半部分定制收纳柜，满足储物和晾晒功能，下部空间
为萌宠安家，充分利用了阳台的立面空间

▲将藤编猫窝融入阳台之中，既不占用过
多空间，材质的呼应，也让阳台十分和谐

▲可以在飘窗的下部专门设置一个宠物窝，铺上软
软的毯子，主人就能和萌宠成为"上下铺的兄弟"

▲利用墙面空间安装隔板，为家中的猫咪
打造出一个快乐攀爬的区域